☞ *Inhalt*

DAS KOSTENLOSE EXTRA: DIE APP „KOSMOS PLUS"

Dieses Buch bietet Ihnen weitere Inhalte in Form von 10 Filmen, die durch dieses Symbol 123 gekennzeichnet sind.

Und so geht's:

1. Besuchen Sie den App Store oder Google Play
2. Laden Sie die kostenlose App „KOSMOS Plus" auf Ihr Mobilgerät
3. Im Buch wird ab Seite 115 auf die Filme mit dem Symbol 123 hingewiesen. Öffnen Sie die App und laden Sie sich die Inhalte für die gewünschten Filme herunter. Dazu geben Sie den genannten Zahlen-Code, z. B. 511, in die App ein.

Mehr Informationen finden Sie unter plus.kosmos.de

ZUM GELEIT

Mit dem vorliegenden Buch fügen die Autoren Siegfried Seibt und Rolf Deilbach dem umfangreichen Genre deutschsprachiger Jagdliteratur mit pädagogischem Schwerpunkt eine weitere Publikation hinzu. In jungen Jahren mit einer Reihe damaliger Standardwerke konfrontiert, kamen mir zunächst die Mahnworte im Epilog der biblischen Schrift Kohelet in den Sinn: „... mein Sohn, lass dich warnen, denn des vielen Büchermachens ist kein Ende, und viel Studieren ermüdet den Leib." (Koh 12, 12) Also noch ein Buch zur Jagd – musste das wirklich sein?

Bereits nach der Lektüre der ersten Seiten des neuen Werks kann diese Frage eindeutig positiv beantwortet werden. Das vom renommierten Kosmos-Verlag herausgegebene Buch füllt eine Marktlücke. In Anbetracht des einschlägigen Erfahrungsschatzes und der breit angelegten Kompetenzen der Verfasser wundert das nicht. Wildmeister (DJV) Siegfried Seibt ist seit Jahrzehnten in der Jägeraus- und -fortbildung tätig. Unter seiner Anleitung erreichten 25.000 Lehrgangsteilnehmer ihre Ziele. Rolf Deilbach ist als erfolgreicher Autor bekannt.

Als Kreisjagdmeister mit über 20 Dienstjahren im Landkreis Bad Kreuznach fungierte ich selbst bislang bei über 1.500 erfolgreichen Prüfungen als Vorsitzender des regionalen Jägerprüfungsausschusses. Die meisten Anwärterinnen und Anwärter auf das Grüne Abitur – stets hoch motiviert und viele erfreulicherweise jung an Jahren – hatten sich gründlich mit Seibts „Grundwissen Jägerprüfung" und zusätzlichen Lernhilfen aus gleicher Feder vorbereitet. Am Rande des Prüfungsgeschehens wurde oft gefragt: Wie geht es weiter? Was kommt nach dem angestrengten Lernen? Wie und wo können die stolzen Kursabsolventen anschließend Erfahrungen sammeln, um sich in jagdlicher Praxis zurechtzufinden? Solche und weitere Fragen beantwortet dieser Leitfaden.

Bereits Platon empfahl vor fast zweieinhalb Jahrtausenden beim Sinnieren über Theorie und Praxis in seiner „Politeia" den Handelnden ein besonnenes Vorgehen – eine ähnliche Empfehlung liegt nun mit Seibts und Deilbachs Buch für den Bereich Jagd vor. In fünf Kapiteln – von der Ausrüstung über Jagdmöglichkeiten und die Jagdpraxis bis hin zu Wildbretgewinnung und dem Handwerkszeug –, rücken spannende Themenbereiche in den Fokus, die den meisten Examinierten in dieser Qualität sicher noch fremd geblieben waren. Die Herausforderungen der Jagdpraxis werden nun konkretisiert.

Der Leser gerät rasch in den Bann des Buches und lernt anschaulich nachzuvollziehen, was einst José Ortega y Gasset in seinen „Meditationen über die Jagd" zum deren Kern ausführte: „ ... darin wurzelt ja der ganze Reiz und die Wonne des Jagens: dass der Mensch, der durch seinen unvermeidlichen Fortschritt aus ... der Natur verdrängt ist, sich der künstlichen Rückkehr zu ihr erfreut, der einzigen Beschäftigung, die ihm so etwas wie Ferien vom Menschsein gestattet."

Waidmannsheil zum gelungenen Opus!

Prof. Dr. theol. Hans-Joachim Bechtoldt, KJM

LIEBE LESER, JUNGJÄGERINNEN UND JUNGJÄGER!

Gratulation, Sie haben es geschafft – die Jägerprüfung ist bestanden und ein Teil von Ihnen hat vielleicht auch umgehend den ersten Jagdschein gelöst. Nach den intensiven Lernanstrengungen der letzten Wochen oder Monate, deren Mühen mit einer erfolgreich bestandenen Jägerprüfung belohnt wurden, liegt nun das Jägerleben vor Ihnen.
Für viele Jungjäger ohne familiären Jagdhintergrund oder Jäger im Freundeskreis ist das häufig noch ein völlig weißes und von Jagderfahrungen gänzlich unbeschriebenes Blatt und Kapitel des Lebens. Seien Sie nun ebenso neugierig, wissbegierig sowie erwartungsfroh gespannt auf das, was Ihnen die Jagd an erlebnisreichen, lebensfrohen Erkenntnissen zu bieten hat und was sie aus und mit Ihnen macht.
Sie verfügen über ein erstklassiges Rüstzeug und das Recht zur Jagdausübung. Erfahrene Jäger sind Sie alleine dadurch aber längst noch nicht – dazu fehlt einfach die Praxis im und mit dem Jagdbetrieb. Ganz ehrlich: Sie dürfen nun jagen, doch *jetzt* beginnt erst der eigentliche Lernprozess in der Praxis. Mit sicher mehr als nur ein paar jagdlichen Bewährungsproben – insbesondere beim Start.
Dabei soll Sie dieses Buch ein kleines, aber entscheidendes Stück am Anfang Ihrer jagdlichen Wegstrecke begleiten, Sie mit Entscheidungshilfen und Informationen, nützlichen Erläuterungen sowie wichtigen Hinweisen und Tipps unterstützen. Bekanntlich fallen wahre Meister nicht vom Himmel, sondern werden durch permanentes Weiterlernen und Verstehen gemacht. Dies gilt auch für die Jagd mit ihren so zahlreichen spannenden Wissensgebieten und großartigen Lernfächern am lebendigen Puls der sich stetig wandelnden Natur. Nehmen und nutzen Sie dieses Buch als das, wofür es von uns für Sie geschrieben wurde: Eine Wissen erweiternde Einstiegshilfe in Ihre ersten Jagdjahre. Aber verwechseln Sie es bitte nicht mit einem Ersatz für jagdliche Schulungen und Lernkurse, vertiefende Fachlektüre zu einzelnen Wissensgebieten oder gar dem notwendigen Lernen in der Revierpraxis und dem unverzichtbaren permanenten Austausch mit erfahrenen Mitjägern – Ihren künftigen Waidgenossen.
Ein Jägerleben bedeutet neben der selbst gewählten Berufung zu gestaltenden Naturerlebnissen – mit ihren vielfältigen Diensten an Natur und Umwelt sowie der verdienten Freude an waidgerecht erlegter Beute – auch ein kameradschaftliches Geben und Nehmen unter Gleichgesinnten.
Profitieren Sie davon und geben Sie, sobald Sie reif dafür sind, Ihr eigenes Jagdwissen an die nächste Jägergeneration weiter. Nur so bleibt der permanente Kreislauf der jagdlichen Erfahrungs- und Wissensvermittlung in Gang und bietet allen Waidfrauen und Waidmännern die Gelegenheit, sich weiterzuentwickeln. Zu vorbildlichen waidgerechten Jägern mit Herz, Verstand und großer Passion für die einzigartigen Gaben und Erlebnisse der freien Natur.
Waidmannsheil auf all Ihren Wegen!

Siegfried Seibt und Rolf Deilbach

DIE AUSRÜSTUNG DES JÄGERS

BEKLEIDUNG UND ZUBEHÖR

Keine Jagd, und schon gar kein Jagderfolg, ohne vernünftige – also funktionspraktische Ausstattung. Das beginnt mit der richtigen Bekleidung los. Egal, ob in Einstiegspreislagen, guter Markenqualität oder aus dem High-End-Manufaktur-Regal: Am falschen Ende zu sparen, bringt in vielerlei Hinsicht Verdruss.

Was hilft die modernste Waffe mit Hightech-Zielfernrohr, wenn man mit nassen Füßen oder klammen Fingern und platt gesessenem Hinterteil stundenlang auf einem schmalen Sitzbrett kauert oder in der zugigen Kanzel bibbert? Oder nach mühsamer Pirsch das zunächst in weiter Ferne gesichtete und inzwischen in beste Schussdistanz erpirschte Stück infolge quietschender Schuhe oder raschelnden Jackenstoffs hochflüchtig abziehen sieht? Mindestens genauso ärgerlich ist ein unscharfes Messerchen, das das Aufbrechen des erlegten Stücks zum Hieb-, Stich- und Schnitzmassaker macht und das wertvolle Wildbret unwiederbringlich zerstört.

JACKE, HOSE UND CO.

Allgemein auffälligstes Erkennungsmerkmal der Jägerschaft – Jungjäger inklusive – ist ihr „jagdliches Outdoor-Outfit“. Früher lief das vergleichsweise einfach. Nach dem Zwiebelprinzip, mit im Sommer weniger und im Winter dafür deutlich mehr Schichten. Sommers wie winters jedoch immer mit einem grünen, breitkrempigen Hut auf dem Kopf, einem vernünftigen Lodenmantel als äußerster Kleiderschicht und einem Paar brauner Lederstiefel an den Ständern. Fertig. Und bis heute wirklich nicht verkehrt.

Grünen Loden trugen die Jäger jahrzehntelang nicht nur im Winter. Auch heute noch schwören viele darauf.

Funktionskleidung hat längst auch bei der Jagd Einzug gehalten. Zahlreiche Hersteller bieten sie an.

Im Jetzt und Hier, dem Zeitalter der Funktionsbekleidung, ist die Kleiderwahl und Auswahl für Jäger aber deutlich größer und damit auch eine ganze Ecke spannender, bequemer und im jagdlichen Einsatz gewiss auch komfortabler.
Längst ist „dunkles Lodengrün" im HKS-61- oder Pantone-350-Farbton nicht mehr die einzige zulässige Bekleidungsfarbe im Revier. Mit Ausnahme von giftblauen Jeans geht jede Menge an Farbe und Funktion. Zumal die jagdliche Bekleidungsindustrie ihren Funktionsstoffen nicht nur das Rascheln abgewöhnt hat und sie für jede Jahreszeit in „fast unsichtbar", „kälteabsorbierend" oder „atmungsaktiv" sowie „wasserdicht" anbietet. Schöne neue Welt, in der, abhängig von Geldbeutel und Geschmack, für jede und jeden was dabei ist. Man sollte in jedem Fall darauf achten, dass nur „kompatibles" Material verwendet wird. Das heißt: Feuchtigkeit aufsaugende Naturstoffe am Körper machen keinen Sinn, wenn darüber zum Beispiel Goretex getragen wird. Ist ja logisch, oder?
Bestens durchdachte Funktionsbekleidung, die zudem auch optisch etwas her macht, bieten neben einigen privaten Label Brands der Ausrüster vor allem bekannte Herstellermarken. Genannt seien beispielhaft – wie auch später in alphabetischer und nicht „wertender" Reihenfolge – Beretta, Blaser, Deerhunter, Fjällräven, Härkila, Swedteam und einige andere mehr.
Wenn es Loden werden soll, sind Lodenfrey und insbesondere Rascher sowie Tiroler Loden beliebte Herstellermarken. Bestes klassisches Jagdschuhwerk und Stiefel bieten beispielsweise Marken wie Haix, Hanwag, Kamik, Lowa, Meindl, Ludwig Reiter und Trabert. Hier findet sich perfekt verarbeitete Markenqualität bis rauf in den Manufakturbereich. An Gummistiefeln gibt es neben den Hausmarken der Jagdbedarfshändler beispielsweise bei Aigle, Härkila oder Le Chameau eine breite Auswahl.
Die Sache hat nur einen Haken: Passen muss es. Jagd ist kein Flanierhobby, Jagdbekleidung ist eine ganzjährig eingesetzte Gebrauchs- und Arbeitskleidung! Nichts gegen jagdlichen Chic, aber höchste Strapazierfähigkeit, Funktionsnutzen und größtmögliche Bequemlichkeit sind die drei Grundvoraussetzungen bei der richtigen Bekleidungsauswahl von Jungjägern. Erst dann kommt der modisch schmückende Rest – als durchaus erlaubte Kür und damit auch außerhalb des Reviers in der Freizeit trag- und vorzeigbar.
Bei Jagdbekleidung heißt es also vor allem: An- und ausprobieren, bis alles perfekt sitzt! Von Hut, Mütze oder Schirmmütze bis runter zu den Schuhen oder Stiefeln in

Verbindung mit erstklassigen Socken. Von der ersten Unterwäsche-Schicht bis zur Jagdhose, Jacke oder eben doch dem Lodenmantel. Und natürlich in der kälteren Jahreszeit auch guten Handschuhen!
Ein vernünftiger Jägerhut ist alles andere als überholte „Old School" – er ist ebenso sehr der Regenschirm des Jägers wie er als Behelfsauflage für einen sichereren Schuss dienen kann. Und zusätzlich ein probater Schutz gegen Schrammen beim Pirschgang oder beim Durchgehen. Also ein absolutes „Must-have" – das auch nach dem Jagderfolg bei der Übergabe des Erlegerbruchs wie weiteren jagdlichen Ehr- und Respektsbekundungen nicht fehlen sollte.

ZUR GESELLSCHAFTSJAGD MIT WARNKLEIDUNG

An einer Gesellschaftsjagd darf kein Jäger ohne die nach der UVV Jagd gesetzlich vorgeschriebene Warnbekleidung teilnehmen. Wer sich als Jungjäger-Jagdgast eine hochgezogene Augenbraue des Gastgebers – im besten Fall – ersparen will, der verlässt sich dabei nicht auf die vorausschauende Vorsorge des Beständers und dessen Reservewesten, sondern bringt bitte eigene jagdliche Warnbekleidung mit. Perfekt sind Wendejacken mit einseitiger Signalfarbe.
Besonders pfiffige oder sparsame Zeitgenossen packen dann ihre gelben Auto-Warnwesten aus – reicht ja schließlich und passt irgendwie auch. Spätestens beim Schüsseltreiben wird aber genau das gern humoristisch aufgespießt und thematisiert. Das beschert dann dem Jungjäger in heiterer Runde den leuchtend roten Kopf der Peinlichkeit. Irgendwie ja auch eine Signalfarbe – aber etwas zu spät und zudem völlig überflüssig.

DEZENT UND ANGEMESSEN

Der erste Eindruck zählt, und da ist weniger Auffälliges meist mehr als der so genannte „letzte modische Schrei". Wer mit gestandenen – in der Regel älteren – Jägern jagen will und darf, sollte sich als frischgebackener Jungjäger nicht als „Modegockel" oder „Tarnklamotten-Freak" präsentieren.
Wer nicht nur während der Jagdausübung, sondern auch bei gesellschaftlichen Anlässen mit Waidgenossen zu tun hat und jagdliche Kontakte aufbauen will – zum Beispiel auf Hegeringversammlungen oder an Jägerstammtischen –, der sollte über mindestens eine ordentliche jagdliche Freizeitkombination verfügen. Das ist für den Jungjäger z. B. eine gesellschaftsfähige Jagdhose plus -jacke bzw. Janker oder für die Jungjägerin, die es klassisch mag, ggf. ein Jagdkostüm. Dazu am besten keine Turnschuhe oder Hochgebirgsstiefel, die für die Besteigung eines 6000ers gedacht sind.

Bei Gesellschaftsjagden ist Warnkleidung Pflicht. Auch der Jungjäger bringt seine eigene Warnjacke oder -weste mit!

DER JAGDRUCKSACK

Schon für Jungjäger gilt: Gute Ausrüstung kann man nie genug haben! Deshalb muss ja trotzdem nicht alles sofort und auf einmal her. Kann natürlich schon, muss aber wirklich nicht: Wofür gibt es schließlich ein Belohnungsprinzip oder auch mit Wunschlisten sinnvoll ausstaffierbare Geburtstage ...

Was definitiv her muss, ist ein vernünftiger Jagdrucksack aus Leder, gewachstem Leinen oder Funktionsmaterial in jagdlich sinnvoller Farbwahl und mit reichlich Stauvolumen plus einigen Zusatzfächern und Schlaufen. Wichtig ist, dass alle vorhandenen Metallschnallen mit einem überschiebbaren Lederschutz versehen sind. Sonst sieht die neue Büchse, die sich daran reibt, nach dem ersten Pirschgang aus wie nach zehn Jahren Dauereinsatz. Tiefe Riefen und Kratzer verschandeln den Schaft, was nun wirklich nicht sein muss.

Stimmt die Qualität des Rucksacks, kann er zum Begleiter durch das ganze Jägerleben werden.

Solange es nicht ins Gebirge oder auf längere Jagdtouren geht, kann auf eine Tragrahmenkonstruktion und Langwaffenaufnahme verzichtet werden – auf bequeme Tragegurte, die nicht einschneiden oder verrutschen, aber nicht! Außerdem ist es wichtig, dass der Rucksack ordentlich verschließbar und mindestens wasserabweisend ist – sonst spart man am falschen Ende.

Auf Schweißeinlagen in ursprünglichem Sinne (herausknöpfbar, waschbar) kann heute verzichtet werden. Stabile, lebensmitteltaugliche PVC-Säcke (nicht Müllsäcke!) sind zweckmäßiger!

Wer sich vornimmt, einen größeren Teil seines Jägerlebens auf ausgedehnten Pirschen zu verbringen, viel im Gebirge jagt oder häufig auf längeren Drückjagden ohne jagdliche Ansitzeinrichtungen wie Ansitzböcke eingeladen ist, der legt sich – warum eigentlich nicht schon als Jungjäger? – zusätzlich einen Klappsitzrucksack zu. So ein „Multifunktionstornister" bietet reichlich Platz: zum Verstauen jedweder Ausrüstungsgegenstände sowie – für die meisten Standardhinterteile – auch zum Sitzen.

Auch bei Rucksäcken aus Leder oder Jagdleinen gibt es eine breite Auswahl von guten bis hervorragenden Herstellern. Wer als Jungjäger Sinn für erstklassig verarbeitete Lederrucksäcke hat, erwirbt – wie ganze Jägergenerationen zuvor und wohl auch in Zukunft – einen in Deutschland handgefertigten AKAH Rucksack – Ewigkeitsware!

DIE GRUND-AUSRÜSTUNG

Nun zu der wichtigsten Grundausrüstung für den Start ins praktische Jägerleben, die im Wesentlichen den Rucksackinhalt ausmacht. Als Erstes gehören – am besten sauber in einen wasserdicht verschließbaren Zipper-Beutel verpackt – die jagd- und waffenrechtlichen Legitimationsnachweise, also Jagdschein, WBK und ggf. Jagdberechtigungsnachweis für das Revier ins Gepäck.

GEHÖRSCHUTZ

Nie sollte ein richtig guter Gehörschutz fehlen, wenn Büchse, Flinte oder Kombinierte mit dabei sind und man auch zu schießen beabsichtigt. Die aktuelle Diskussion über Schalldämpfer hin oder her: Zum einen sind diese „Schussknallreduzierer" längst noch nicht lückenlos bei der Jagd erlaubt, geschweige denn etabliert, und zum anderen ist so eine sperrige Flüstertütenstange auf der führigen Jagdwaffe sicher nicht jedermanns Sache.
Also bleibt ein ordentlicher Gehörschutz auf den Ohren oder in den Gehörgängen nicht nur nach UVV – wie Jungjäger gelernt haben – die Ultima Ratio eines langen, erfolgreichen und vor allem gesunden Jägerlebens. Wer aufgrund zerstörter Trommelfelle weniger oder nichts hört, büßt allerdings in allen Lebensbereichen deutlich an Qualität ein, nicht nur bei der Jagd!
Sehr gute und bequeme Kapsel-Gehörschützer, die sogenannten „Micky Mäuse", bieten z. B. Hersteller wie Bilsom, 3M Peltor, MePaBlu und MSA Sordin. Zum Teil bieten diese Schützer mittels eingebauter Mikrofone sogar die Möglichkeit, schwache Umgebungsgeräusche – z. B. die des im trockenen Laub heranschnürenden Fuchses – zu verstärken, während sie bei hohen Dezibelzahlen „zumachen".

TIPP

Bei aufgeschraubtem Schalldämpfer verändert sich mitunter die Treffpunktlage der Waffe, erneutes Einschießen ist also wichtig. Auf- und Absetzen und alles passt, klappt nur im „Tatort".

IN-OHR-GEHÖRSCHUTZ

Wer auf Bewegungsfreiheit Wert legt und beim Gehörschutz plus Umgebungsgeräuschverstärkung auf modernste Technik setzt, der fragt seinen Hörgeräteakustiker nach einem aktiven In-Ohr-Gehörschutz. Diese kleinen Stöpsel für das Innenohr gehen zwar richtig ins Geld, bieten aber optimalen Gehörschutz auf kleinster Fläche in Verbindung mit bester auditiver Wahrnehmung von z. B. anwechselndem Wild. Ab ca. 400 Euro aufwärts gibt es hier Maßanfertigungen.

MESSER

Kein Rucksackinhalt ohne vernünftiges Messer aus mindestens 440-C-Stahl. Dabei sollte ein Universaltaschenmesser – gerne mit Aufbrechklinge und kleiner Säge – ebenso Standard sein wie ein stabiles mittelgroßes Messer mit bis zu zwölf Zentimetern feststehender Klingenlänge, z. B. ein ordentlicher Jagdnicker. Die Messer können im Rucksack oder griffbereit am Gürtel mitgeführt werden. Ob sie im Funktionsdesign mit leicht wieder wiederzufindenden orangen Kunststoffgriffen daherkommen oder die Edelvariante in Manufakturqualität mit Edelholz- bzw. Hirschhorn-Griffschalen ge-

Ein feststehendes Messer und ein kleiner Messerschärfer gehören in den Rucksack.

Nützlich ist auch ein kleines Klappmesser mit Aufbruchklinge und -säge.

Taschenlampe und Stirnlampe

wählt wird, ist Preis- und Geschmackssache. Entscheidend ist: Die Messer müssen richtig scharf sein – also nach ausgiebigem Einsatz immer Schärfe prüfen und ggf. sofort nachschärfen, bevor das Messer wieder in den Rucksack wandert. Ein kleiner Messerschärfer gehört also auch in den Rucksack.

Erstklassige reviertaugliche Taschen- oder feststehende Messer gibt es von Markenklassikern wie Böker, Eickhorn, EKA, Gerber, Hartkopf, Herbertz, Leatherman, Marttiini, Puma, Victorinox und einer Reihe weiterer Hersteller.

LAMPEN – WIEDER AUFLADBAR

Des Weiteren gehören in den Rucksack je eine gute kompakte Taschenlampe und eine Stirnlampe (falls am frühen Morgen oder späten Abend gejagt und vielleicht auch noch im Revier aufgebrochen werden muss)! Die Lampen-App am Smartphone ist ein nettes Gimmick, um nachts den Weg vom und zum Hochsitz auszuleuchten, ersetzt aber keine vollwertige Taschenlampe. Wer als Jungjäger Sinn für Nachhaltigkeit hat – was ja hoffentlich auf alle zutrifft –, der kauft direkt ein Modell mit wieder aufladbaren Akkus, das spart teure Batterienachkäufe und schont die Umwelt! Gute LED-Taschenlampen bieten z. B. Hersteller wie Fenix, Led Lenser, Ledwave, Liteexpress, Varta, Walther und ein paar andere.

SONSTIGES IM JAGDRUCKSACK

Was ebenfalls in keinem Jagdrucksack fehlen sollte, sind eine Gartenschere, eine kleine zusammenklappbare Säge und ein Paar strapazierfähiger Handschuhe. Ob im Sommer oder im Winter, auf der Pirsch, bei Nachsuchen und auf dem Weg zum Ansitz:

Oft genug ist es nötig, sich mit ordentlich geschützten Händen Platz, Überblick und Sicherheit zu verschaffen. Die Jagdausrüster bieten eine breite Auswahl an Handschuhen, zum Teil sogar mit Schnittschutz-Eigenschaften unter griffigem Qualitätsleder. Für eine sachgerechte Erstversorgung erlegten Wildes gehören in den Rucksack neben dem Messerschärfer ein Brustkorbspreizer aus Edelstahl zum Auskühlen, ein ordentlicher Strick zum Aufhängen und, je nach Aufbrechmethode, noch eine Aufbrechschere oder -säge für stärkeres Wild. Sinnvolle Bestandteile sind außerdem eine kompakte Bergehilfe und – nicht nur fürs Aufbrechen – einige Paar dünner Latex- oder Vinyl-Handschuhe.
Zuletzt sollten auch ein vernünftiges Sitzkissen und eine kompakte und bruchsichere Isolierkanne für Kalt- oder Heißgetränke im Rucksack nicht fehlen.
Für die Gebirgsjagd oder die Jagd in anderweitig schweißtreibendem Gelände ist auch eine zweite Bekleidungsgarnitur aus Unterhemd und Hemd zum Wechseln im Rucksack anzuraten.

TIPP

Ich lasse mir die Latex-Handschuhe im etwas größeren Gebinde gerne von einem befreundeten Arzt aus dessen Praxisbedarf besorgen: Die sind mit Talkum versehen und reißen nicht so schnell wie die einfache Supermarkt-Ware. Ein Erste-Hilfe-Set (z. B. Waldarbeiter-Sets) mit dem Allernötigsten bekommt man bei solchen Kontakten direkt noch mit auf den Weg oder beschafft es sich so.

Bergehilfen und Geräte zur Wildversorgung dürfen im Rucksack oder Jagdauto nicht fehlen.

ZUBEHÖR IM JÄGERAUTO

Eine Reihe von Ausrüstungsgegenständen gehört darüber hinaus ins Jägerauto, um für alle Eventualitäten im Revier gerüstet zu sein:

— Wildwanne und ein paar Fleischerhaken,
— Klappspaten und Handbügelsäge,
— ein Jagdbeil,
— ein stabiles Seil von mindestens 15 Metern Länge und
— eine reißfeste, zwei auf drei Meter große Kunststoffplane.

Im Jagdrevier wird nicht nur Beute gemacht, sondern auch gearbeitet! Wenn ohne viel Aufhebens Kanzelsprossen ausgebessert oder andere notwendige Instandhaltungsarbeiten durchgeführt werden, freut das den Jagdherrn und nützt einem natürlich auch selbst. Kluge Jungjäger haben deshalb immer dabei:

— einige 120 bis 230 Millimeter lange Nägel,
— ein Nageleisen und
— einen Zimmermannshammer.

KURZWAFFEN

Die richtigen Schusswaffen des Jägers sind ein echtes Debattenthema, schon bei der Entscheidung, ob „gut gebraucht" aus familieneigenen oder fremden Waffenschränken oder „fabrikneu" aus den Herstellerregalen. Vergleichsweise wenig Diskussion gibt es dabei noch bei den Empfehlungen für Kurzwaffen.

TRADITIONELL IM SCHATTENDASEIN

Pistolen und Revolver spielen bei großen Teilen der traditionsgeprägten Jägerschaft eine untergeordnete Nebenrolle. Punkt. Wenn überhaupt, verstauen gestandene Jäger ohne Sportschützen-Zweitgene sie beim Reviergang allenfalls als Ur-Pistölchen im Kaliber 7.65 Browning oder kurznasigen Zwei-Zoll-Revolver im Kaliber .38 Special in der Lodenmanteltasche. Für den überwiegenden Teil aber bleibt als Fangschusswaffe insbesondere für Schalenwild – aus gutem Grund – die kaliberstarke Büchse das Mittel der Wahl.
Gerade Jungjägern kann aber eine großkalibrige Kurzwaffe eine Hilfe bei der Eigensicherung und dem Fangschuss auf schwa-

Kurzwaffen auf der Jagd sind nicht jedermanns Sache. Fangschusstauglich muss ihr Kaliber allerdings sein.

ches und mittleres Schalenwild, vor allem wehrhaftes Schwarzwild, sein. Denn gerade ihnen mangelt es oft noch an Übung und Erfahrung mit einer Langwaffe, die gerade bei ersten Nachsuchen im dichten Wald und Unterholz eher sperrig anmutet. Und für eben den Fangschuss ist Jägern ja auch der Erwerb und jagdliche Einsatz von Kurzwaffen erlaubt.

FANGSCHUSSTAUGLICHKEIT ZÄHLT

Wer will, legt sich bis zu zwei Stück in fangschusstauglichen Kalibern zu. Statt einer brandneuen Kurzwaffe reichen vielen Jungjägern für den eher seltenen Einsatz gute gebrauchte Revolver im Kaliber .357 Magnum mit fünf oder sechs Patronen in der Trommel. Angenehm ist dabei die Möglichkeit, zu Übungszwecken auch preisgünstigere Munition im Kaliber .38 Special zu verschießen. So ein Trommelrevolver lässt sich dann auch mit Schrotpatronen für Fangschüsse auf Raubwild in jagdlichen Fallen verwenden.

TIPP

Wer als jagdlicher Neuling mit einem Revolver liebäugelt, der sollte für den sicheren Schuss auf Entfernungen von mehr als fünf Metern mindestens einen drei oder vier Zoll langen Lauf wählen. Und bitte wirklich gerade am Anfang ausreichend üben! Das gilt auch für Pistolen im bewährten Kaliber 9 mm Luger, deren neuere Modelle häufig 15 bis 17 Patronen fassen. Ob diese Feuerkraft bei der Jagd etwas bringt, ist Ansichtssache.

Ledernes Gürtelholster: Damit lässt sich der Revolver bei der Jagd diskret unter der Jacke tragen.

GEBRAUCHT UND NEU

Eine gebrauchte Kurzwaffe wird sicher besser von einem Jäger als von einem Sportschützen erworben. Der Grund ist denkbar einfach: Sportschützen pflegen ihre Kurzwaffen zwar perfekt, benutzen sie aber weitaus häufiger im sportlichen Wettkampf und strapazieren sie also deutlich mehr als es der Jäger in der Regel tut.

Sehr gute Revolver gibt es von Herstellern wie Colt, Smith & Wesson, Ruger, Weihrauch, Taurus etc. Bei Pistolen gehören Hersteller wie Heckler & Koch, SIG Sauer, Walther, Beretta, Glock und CZ zu den beliebtesten Anbietern. Wenn schon, denn schon: Wer sich eine Kurzwaffe zulegt, sollte dazu auch ein vernünftiges, verdeckt zu tragendes Holster kaufen.

LANGWAFFEN

Unzweckmäßige Kleidung und fehlendes bzw. untaugliches Zubehör können die Jagdfreude beträchtlich dämpfen und den Jagderfolg spürbar schmälern. Nicht minder bitter wird es allerdings, wenn Jagdwaffen nicht richtig – also zum Jäger und seinen jagdlichen Möglichkeiten passend – gewählt wurden.

Spätestens bei den Langwaffen beginnen heiße Diskussionen: alt oder neu und – welche sollen es überhaupt sein?

GEBRAUCHTKAUF

Alte Langwaffen, egal ob Kipplauf- oder Repetierbüchse, Flinte oder Kombinierte haben etwas für sich, keine Frage. Sie sind meist nicht nur deutlich preisgünstiger als Neuwaffen, sondern quasi „erfolgsgeprüft" im Jagdbetrieb. Eine Aura traditionellen Waidwerks und gelebter Jagdgeschichte umgibt sie. Als handgefertigte Manufakturwaffen erstklassiger Büchsenmacher oder als Editions- und Luxusmodelle der renommierten Herstellermarken sind sie nicht selten dank ihrer Metallgravuren und Schaftverschnitzungen zudem schön anzusehen – ästhetische Meisterwerke mit eigener Geschichte.

Wer eine solche Waffe von seinem Vater oder gar Großvater in perfekt gepflegtem Zustand übergeben bekommt, dem klopft zu Recht das Herz und das Auge lacht! Machen – annehmen – sie auf dem Schießstand kennen- und sie nutzen lernen. Und wenn dann die Waffe perfekt beherrscht wird und vielleicht mit einem neuen präzisen Zielfernrohr eingeschossen ist – jagen damit! Das ist unser Autorentipp. Selbst wenn die aufwendig anzubringende Montage für das neue Zielfernrohr dabei auch mal ein kleines Vermögen kostet: Erstklassige Familienwaffen, egal ob Suhler Drilling, 98er Karabiner in der Luxusversion oder englische Jagdflinte sind es wert, über Generationen jagdlich geführt zu werden! Was auch geht, sind „junge Gebrauchte in

Gebrauchtwaffen gibt es in allen Schattierungen. Eine Begutachtung durch einen Büchsenmacher sollte dem Kauf vorausgehen.

gutem Zustand“ insbesondere Repetierbüchsen und kombinierte Waffen wie auch Flinten der großen Qualitätshersteller, die in den letzten fünf bis zehn Jahren auf den Markt gekommen sind. Hier stimmt die Technologie – bis hin zum problemlosen Wechsel auf bleifreie Munition. Gerade bei Kugelbüchsen sind bei solchen Waffen zudem häufig moderne Zielfernrohre mit Leuchtabsehen verbaut.
Wenig geschossen und in vernünftigem Pflegezustand, sind es gute Einstiegsmöglichkeiten zu moderaten Preisen für Jagdstarter. Wird dann noch die Möglichkeit geboten, die Waffen vor dem Kauf ausgiebig Probe zu schießen und/oder gibt es eine Gewährleistung vom Händler, sind dies vielfach risikoarme Kaufgelegenheiten, die sich lohnen. Vorausgesetzt, man wählt die richtigen Kaliber und lässt sich nicht zum Kauf einer viel zu dicken „Pille“ verleiten, die nach der ersten Euphorie im jagdlichen Gebrauch zu einem „Muck-Monster“ mutiert und dann ungeliebt und selten benutzt ein sinnloses Fehlkauf-Dasein im Waffenschrank fristet.
Bei vielen Gebrauchtwaffen, egal ob in „Afrika-Kalibern“ oder mit moderaterem „Dampf“ sollten gerade Jungjäger also sehr vorsichtig sein. Insbesondere bei Waffen, die über viele Jahre im intensiven jagdlichen Einsatz bei komplett unbekannten Jägern waren und als Privatverkauf ohne qualifizierte Kontrolle und Begutachtung durch einen Büchsenmacher im Privatmarkt angeboten werden. Vorsicht ist vor allem in der Schnäppchen-Klasse geboten, beim verglasten Drilling unter 1.500 Euro oder einer Repetierbüchse mit Zielfernrohr unter 1.000 Euro. So etwas wird gern im privaten Anzeigenteil von Jagdmagazinen oder

Welches Kaliber, welches Geschoss, welche Schrotstärke? Eine der beliebtesten Diskussionen unter Jägern.

bei Internet-Auktionshäusern als „Schrankwaffe, wie neu“ angeboten ... Da ist neben ein paar wirklichen Schnäppchen aber leider viel überschätztes Altmetall im Markt!

NEUKAUF – DAS PASSENDE KALIBER

Neben der Auswahl des Waffentyps bei einer fabrikneuen Langwaffe, geht es vor allem auch um die beste Kaliberauswahl für den vorgesehenen eigenen Jagdeinsatz. Und natürlich um das ebenfalls angepasste Zielfernrohr, doch dazu später mehr.
Auch wenn für die meisten Jungjäger sicher die Wahl der Waffe und des Zielfernrohrs die weitaus spannenderen Themen sind, beginnen wir deshalb mit der Kaliberauswahl. Das hat ganz einfach den Grund, dass ja kein verantwortungsvoller und waidgerechter Jäger im Wortsinne „mit Kanonen auf Spatzen schießen“ will, geschweige denn sollte. Jagdanfänger müssen also erst einmal wissen, was wofür passt und wie es am

AUFSCHLUSSREICH – DIE STRECKENSTATISTIKEN

Wer seine künftigen jagdlichen Möglichkeiten mangels eigenen Reviers mit bekanntem Wildbestand noch nicht einzuschätzen vermag, der setzt am besten auf ein paar Grundsätzlichkeiten: Zum Beispiel die Wildbestände in Deutschland und/ oder in seiner eigenen Region.

Die größten nationalen Strecken, ausgewiesen in der alljährlichen Jagdstatistik des Deutschen Jagdverbandes (DJV), und damit die höchste Wahrscheinlichkeit, als Jungjäger darauf zum Schuss zu kommen, liefern beim Schalenwild Reh- und Schwarzwild, gefolgt von Rotwild und Damwild. Bei der Raubwildbejagung steht der Fuchs ganz oben in der aktuellen Streckenstatistik, gefolgt von Waschbär, Dachs, Steinmarder und Marderhund.

Größere – fünf- bzw. sechsstellige – Strecken beim Niederwild weist die Statistik zudem für Wildkaninchen und Feldhasen sowie Wildtauben, Wildenten und Fasane aus. Wer mehr dazu wissen will, informiert sich unmittelbar bei seinem zuständigen Landesjagdverband oder im Internet unter www.jagdverband.de.

Allgemeines Fazit daraus zur Kaliberwahl: „Große" Kugel, „kleine" Kugel und auch Schrot im jagdwaffentauglichen Bestand zu haben, schadet nicht nur nie, sondern nützt neben der Ansitzjagd auch bei den meisten Drück- und Treibjagden!

besten passt. Das heißt, wie also mit möglichst geringem Leiden für die Kreatur waidgerecht erlegt und dabei Wildbret schonend Beute gemacht werden kann.

VERBREITETE UND BEWÄHRTE KUGELMUNITION

Aufgrund der geänderten jagdlichen Verhältnisse hat sich der Kaliberbedarf des Jägers sehr gewandelt. In nahezu jedem Revier ist heutzutage mit dem, wenngleich fallweise auch nur gelegentlichen Vorkommen von Schwarzwild zu rechnen. Die reinen „Rehwildkaliber", die ja auf unser übriges Schalenwild nicht zugelassen sind, sind deshalb überwiegend vom Tisch. Dass man z. B. mit der .222 Rem. und einem 3,24 Gramm oder geringfügig schwereren Geschoss nicht auf Schwarzwild waidwerken kann, leuchtet ja auch ein. Für Sauen braucht es eben deutlich mehr.

Aller Erfahrung nach werden über 80 Prozent unseres Schalenwildes mit folgenden Kalibern (in Klammern jeweils die Versionen mit Rand für Kipplaufgewehre) erlegt: 7 × 57 (7 × 57 R) – 7 × 64 (7 × 65 R) – .308 – .30-06 – 8 × 57 IS (8 × 57 IRS). Diese Patronen mit mehr 6,5 mm Geschossdurchmesser sind grob wie folgt charakterisiert:

TIPP

Wer die Kaliber-Wahl hat, hat die Qual. Für viele moderne Repetierbüchsen gibt es mittlerweile allerdings Wechselläufe, die eine falsche Kalibererstwahl noch korrigierbar machen oder ein Aufrüsten der gewohnten Büchse für z. B die Auslandsjagd kostengünstig erlauben.

- Geschossgewichte: zehn bis zwölf Gramm
- Anfangsgeschwindigkeit (V0): ca. 800 Meter pro Sekunde
- Auftreffenergie auf 100 Meter (E100): ca. 3.000 Joule (+/– ca. zehn Prozent)
- Günstigste Einschießentfernung (GEE): 150–180 Meter

Im Vergleich dazu hat die kleinste auf Rehwild zugelassene Patrone, die .222 Rem. mit einem Kaliber von 5,6 mm ein Geschossgewicht von nur ca. 3,2 bis 3,6 Gramm, eine V0 von 900 Metern pro Sekunde, eine E100 von 1.000 bis 1.100 Joule und eine GEE von 190 Metern.
Für das jagdliche Übungsschießen und für unser Raubwild sind die „kleinen" .22 Hornet und die .222 Rem. allerdings sehr zu empfehlen. Eigentlich spricht aber auch nichts dagegen, z. B. den Fuchs auch mit der „großen" Kugel zu erlegen. Wer allerdings den Winterbalg verwerten möchte, erlegt den Rotrock besser mit Schrot.
Für bestimmte jagdliche Gegebenheiten, z. B. die Jagd im Gebirge, gibt es spezielle geeignete Kaliber wie 6,5 × 68, 8 × 68 S, .300 Win. Magnum u. a. Fragen Sie auch einheimische, vor Ort lebende Jäger oder Berufsjäger.

GESCHOSSTYPEN

Kann man für die Kugelkaliber also aus der Praxis durchaus Empfehlungen ableiten – ohne andere Kaliber als untauglich abzustempeln! –, so gehen die Jägermeinungen bei den Geschossen bisweilen noch

Patronen im Kaliber .30-06 mit Bleikerngeschossen und bleifreien Geschossen. Die .30-06 zählt zu den meistgeführten Jagdkalibern in Deutschland.

viel weiter auseinander. Bewährt haben sich als Büchsengeschosse mit Bleikern in der Praxis bisher: Teilmantelrund- und Teilmantelspitzgeschosse, H-Mantel-Kupferhohlspitzgeschosse, Kegelspitzgeschosse (KS), Torpedo-Ideal-Geschosse (TIG) und Torpedo-Universal-Geschosse (TUG) und deren Nachfertigungen, Doppelkerngeschosse, aber auch weitere mehr. Bezüglich der Geschosswahl ist zu empfehlen, dasselbe Geschoss wie der Jagdbeständer zu verwenden.

Bei den in einigen Ländern und auf einigen Jagden bereits vorgeschriebenen „bleifreien" Büchsengeschossen hat sich in der Praxis noch keine eindeutige Meinung herauskristallisiert. Die einen sagen dies, die anderen das. Wenn bleifrei nicht ohnehin vorgeschrieben ist, ist aber die Verwendung z. B. der Evolution Green von RWS oder der bleifreien Geschosse von Barnes oder anderen Herstellern sicher auch nicht falsch.

INFORMATIONSMÖGLICHKEITEN

Zur richtigen Kaliberwahl können sich Jungjäger auch in einer ganzen Reihe von Internet-Jagdforen Rat holen und sich austauschen. Außerdem helfen hier natürlich auch der Büchsenmacher des eigenen Vertrauens und die Waffen- und Munitionshersteller auf Nachfrage weiter.

Die Firma RWS, ein marktführender Munitionshersteller, bietet eine kostenlose Smartphone-App für iPhone und Android an, die auf „jagdlich geführten" modernen Jungjäger-Mobiltelefonen nicht fehlen sollte. Dass RWS und deren Zweitmarken natürlich nicht die einzigen guten Munitionshersteller sind, versteht sich von selbst. Zwar ohne App-Unterstützung, bieten aber auch Herstellermarken wie zum Beispiel Barnes, Blaser, Brenneke, Federal Ammunition, Geco, Hornady, Lapua, Lutz Möller, Norma, Nosler, Sellier & Bellot, Remington, Winchester und einige andere interessante Informationen über die Wirkung und Eignung guter Büchsen- und Schrotmunition aus jeweils eigener Fertigung.

APP MUNITIONSBERATER VON RWS

Die RWS-App „Munitionsberater" bietet einen fundierten Überblick über die Wirkung und Einsatzgebiete zahlreicher Schrot- und Büchsenpatronen-Kaliber. Die Munition anderer Herstellern wird darin verständlicherweise natürlich nicht beschrieben. Über Grundfiltereinstellungen wie „Anwendungsgebiet" – also jeweilige Wildart –, gewünschte Schussentfernung (bei Bedarf auch Wunschkaliber) und ggf. weitere Vorgaben, z. B. zu Wildbretschonung, Stoppwirkung, Rückstoß, Bleifreiheit etc. kann man sich mit der App gezielt über geeignete Büchsen- und Schrotpatronen und -kaliber informieren.

„DICKE PILLEN" MEIST UNNÖTIG

Die meisten heimischen Schalenwildarten lassen sich übrigens bereits mit „mittleren" Büchsenkalibern sicher strecken. Die ganz dicken „Pillen", also die schweren Kugelkaliber von 9,3 mm aufwärts mit ihren starken Treibladungen, sind hierzulande somit weit weniger nötig und sinnvoll als die deutlich komfortableren, weil rückstoßärmeren Büchsenkaliber bis 8 mm. Das allerdings gilt nur mit Einschränkungen für einige hochrasante Büchsenpatronen dieser mittleren Kalibergruppe, die zuweilen auch ganz ordentlich „austeilen" können. Wer seine Kugelwaffe oder Kombinierte mit einer mittleren Kaliberausstattung für die „große Kugel" sicher und gelassen beherrscht, der ist bei passender Geschosswahl bestens für den Jagderfolg selbst bei starkem europäischem Schalenwild bis hin zum Elch gerüstet.

TREFFEN IST IMMER NOCH DAS BESTE KALIBER

Folgendes noch abschließend zur Frage der Kaliberwahl: Jedes Kaliber ist nur so gut und damit richtig, wie es der Schütze in Kombination mit der auf ihn abgestimmten Waffe und Zieloptik zulässt. Deshalb ist nach Wahl und Kauf von Waffen und Zielfernrohren vor allem regelmäßiges Übungsschießen unverzichtbar!

DER SCHAFT MUSS IMMER PASSEN!

Bevor es mit der eigentlichen Auswahl der geeigneten Langwaffen losgeht, zur Erinnerung noch ein nützlicher Hinweis auf den Jägerkurs. Wie hat es der Ausbilder bei der Waffenkunde noch formuliert? „Der Lauf schießt, der Schaft trifft!" Stimmt! Niemand läuft schließlich freiwillig und ohne Not einen Kilometer in zu engen, zu kleinen oder auch viel zu großen Schuhen. Und das gleiche gilt auch für das richtige individuelle Schaftmaß! Das muss, unabhängig vom Waffentyp, also längst nicht nur bei Flinten, unbedingt zu unseren eigenen Körpermaßen passen! Insbesondere beim Kugel- oder Schrotschuss auf flüchtiges Wild. Ein Grund also für einen vom Büchsenmacher beratend begleiteten Neuwaffenkauf ...

Auch auf Schwarzwild braucht es nicht zwingend „dicke Pillen" ab 9,3 mm aufwärts, zumal 75 Prozent des Abschusses in der gewichtsarmen Jugendklasse erfolgen sollen.

REPETIERBÜCHSE

Kommen wir nun zu den „Kaufgegenständen“, den herbeigesehnten Langwaffen, die uns den jagdlichen Beuteerfolg ermöglichen sollen und fast jeden Jagdanfänger in einem Teil seiner schönen neuen Jagdträume begleiten. Bis endlich, endlich das erste dieser Prachtexemplare Ansitz oder Pirsch begleitet.

Repetierer sind als Kugelwaffe auch für Jungjäger erste Wahl. Ob mit Drehverschluss wie z. B. diese Sauer-Büchse ...

... oder als Geradezug-Repetierer, wie sie neben anderen Herstellern z . B. auch Merkel anbietet.

Die wichtigste, weil inzwischen gebräuchlichste Langwaffe für Jagdanfänger ist ganz klar die Repetierbüchse. Eine schalenwildtaugliche Repetierbüchse in einem der bereits genannten Kaliber darf in keinem Jungjäger-Waffenschrank fehlen. Dies kann ein traditionelles Verschlusssystem mit Kammerverschluss durch Drehbewegung wie z. B. das bewährte 98er-System von Mauser sein, oder eines von dessen modifizierten, bei zahlreichen Herstellern eingesetzten Nachfolgersystemen. Immer beliebter sind mittlerweile Geradezug-Repetierer mit Kammerverschluss ohne Drehbewegung. Wozu er letztlich greift, bleibt jedem selbst überlassen.

PROBIEREN GEHT ÜBER STUDIEREN

Der wichtigste Tipp lautet auch hier: selbst ausprobieren und sich viel Zeit für die Entscheidung nehmen! Die fällt am besten erst nach mehrfachem Probeschießen verschiedener Waffen auf dem Schießstand im direkten Vergleich. Gute Büchsenmacher im eigentümergeführten Fachgeschäft bieten das genauso an wie die großen Jagd-Filialisten oder Hersteller. Man zahlt beim Probeschießen meist nur die verbrauchte Munition – und sollte dann aber auch so fair sein, genau dort auch zu kaufen! Alles andere gehört sich einfach nicht.

DIE WICHTIGSTEN KRITERIEN

Die meisten Hersteller von Repetierbüchsen statten ihre neuen Modelle inzwischen mit Handspann-Systemen aus, weil sie ein höheres Maß an Sicherheit bieten. Ein ver-

BERGSTUTZEN

Eine durchaus erwägenswerte Kugelwaffe als Alternative zur Repetierbüchse ist für Jagdnovizen der Bergstutzen. Mit seinem vergleichsweise kurzen Laufbündel aus zwei Kugelläufen – große unter kleiner Kugel – ist er eine handliche Kipplaufwaffe. Wer sich als künftiger Ansitzjäger seiner Sache, vor allem seiner ruhigen Hand und seiner Schießfähigkeiten sicher ist und den Nachteil etwas geringerer Schussreserven zugunsten größerer wildbret- und balgschonender Variationsmöglichkeiten in Kauf zu nehmen bereit ist, kann diese ausgesprochen führige Waffe durchaus bei der Erstausrüstung in Betracht ziehen. Ein moderner, gut verglaster Bergstutzen mit leistungsfähiger großer Kugel – z. B. 8x57 IRS oder.30 R Blaser – und ebenfalls etwas kräftigerer kleiner Kugel – z. B. 5,6x52 R – bietet exzellente Möglichkeiten. Von kleinem Raubwild bis hin zu allem Schalenwild kann damit alles bejagt werden. Und das längst nicht nur im Gebirge. Man muss sich nur sehr sicher sein, auf einen raschen Nachschuss auf starkes Schalenwild verzichten zu können. Für Jagdanfänger mit ausgeprägtem Jagdfieber ist ein Bergstutzen also nichts. Für disziplinierte und treffsichere Jungjäger kann er zur echten Lebenswaffe werden, die immer wieder viel Freude aufkommen lässt.

nünftiges Sicherungssystem sollte für jeden Jäger, aber natürlich besonders für Jagdneulinge, denen die passenden Handgriffe erst noch in Fleisch und Blut übergehen müssen, bei der Auswahl des jagdlichen Arbeitsgerätes ein Priorität-A-Kriterium sein. Genau wie die Wahl des Kalibers, der Lauflänge (längere Läufe und schwere Läufe sind bis zu einem gewissen Grad zwar unhandlicher, führen aber weniger zum „Mucken"), des möglichst idealen Abzugs, des Schafts und natürlich des zur Waffe und zum Einsatzzweck passenden Zielfernrohrs. Zu Letzterem später mehr.

EMPFOHLEN: DIREKTABZÜGE

Für Büchsen haben sich nunmehr die sogenannten „Matchabzüge", also fein eingestellte, direkte Abzüge ohne Vorzugsweg, durchgesetzt. Bei Repetierern oder einläufigen Kipplaufbüchsen gehören sowohl der deutsche Stecher (Doppelzüngelstecher) als auch der Rückstecher (Französischer Stecher) der Vergangenheit an. Wir empfehlen, solche Waffen, wenn sie gebraucht erworben werden, vom Büchsenmacher auf moderne Abzüge umrüsten zu lassen.

Repetierbüchsen werden oft mit Handspannung und Lochschaft ausgerüstet, wie hier bei Blaser.

GUTES MUSS NICHT TEUER SEIN

Eine ganze Reihe großer Repetierbüchsen-Hersteller bietet inzwischen sowohl gute Einstiegs- und Preis-Leistungs-Modelle unter 2.000 Euro an, plus natürlich Spitzenmodelle in nach oben – je nach Ausstattung – offenem Preisrahmen. Wer bereits als Jagdanfänger eine Repetierbüchse für viele Jagdjahre sucht, der sieht sich am besten in den Premium-Regalen von Herstellern wie Blaser, Krieghoff, Mauser, Merkel, Sako, Sauer & Sohn, Steyr Mannlicher und bei den Manufakturbetrieben um. Wer es günstiger haben will, der wird bei Antonio Zoli, CZ, Haenel, Heym, Mauser, Sauer & Sohn, Tikka sowie einer ganzen Reihe amerikanischer Herstellermarken wie z. B. Marlin, Mercury, Remington, Savage, Winchester usw. fündig. Etliche Hersteller bieten zudem für ihre Repetierbüchsen Jungjägerpakete aus Waffe plus Zielfernrohr an. Zu vergleichen lohnt da immer, insbesondere wenn kurz vor der nächsten „IWA & OutdoorClassics" oder „Jagd & Hund" (immer im Frühjahr) Modellwechsel anstehen!

FLINTE

Die zweite kaum verzichtbare Langwaffe ist die Schrotflinte, der Klassiker zur Bejagung der meisten Niederwildarten. Zu finden ist sie inzwischen überwiegend als Bockdoppelflinte. Eine Flinte gehört selbst dann als Grundausstattung in den Waffenschrank des Jagdneulings, wenn er künftig nicht in reinen Niederwildrevieren mit guten Fasanenbesätzen das Waidwerk ausübt. Kaninchen, Hase, Fuchs, Dachs oder Tau-

Auch in günstigeren Preislagen werden gute Repetierer mit Zieloptik angeboten.

ben sowie Enten sind jagdbare Wildarten, die fast überall vorkommen und die Anschaffung einer ordentlichen Schrotflinte als Gebrauchswaffe rechtfertigen. Neben den passenden Schrotpatronen gelegentlich auch ein paar Flintenlaufgeschosse in der Tasche zu haben – aber schön getrennt – schadet bei so mancher Feldjagd ebenfalls nicht und kann das Streckenergebnis schon mal spannend ergänzen. Ganz abgesehen von den jagdsportlichen Freuden und Erfolgserlebnissen der aktiv gelebten, jagdlichen Flinten-Wettkampfdisziplinen Skeet und Trap, die zudem zur Ertüchtigung bei der Flugwildjagd beitragen.

GEBRAUCHTWAFFEN

Eine gute Schrotflinte ist somit für die meisten Jäger unverzichtbar. Wobei die Wahl zwischen „gut" und „richtig spitze" natürlich vom jeweiligen Geldbeutel abhängt. Kaum verkäuflich bzw. für „einen Appel und ein Ei" erhältlich sind inzwischen viele Gebrauchtflinten, die keinen Stahlschrot-Beschuss ermöglichen. Da ist Vorsicht geboten, wenn es nicht nur um die Nutzung auf dem Schießstand, sondern auch um den jagdlichen Einsatz auf Flugwild, insbesondere Enten und Gänse, im Bereich von Gewässern geht. Gerade bei Schrotflinten spielt außerdem das Thema „passender Schaft" eine besondere Rolle, wenn man erfolgreich mit ihnen jagen will!

NEUWAFFEN – EIN BREITES ANGEBOT

Die Reihe von Jagdflinten-Herstellern ist so lang wie international. Großartige Querflinten, wahre Schönheiten mit hohem Gebrauchsnutzen, kommen von einer ganzen Reihe traditionsreicher englischer Gunma-

TIPP

Kaufen Sie *keine* gebrauchte Schrotflinte ohne Stahlschrotbeschuss inklusive Beschuss mit verstärkter Ladung und ohne Wechselchokes. Lassen Sie sich auch nicht durch einen ach so günstigen Preis verführen. So ein Gewehr ist einfach zu limitiert für die Jagd. In Anbetracht, dass das private Waffenarsenal abgebaut werden soll, sind solche Waffen absehbar (und leider) nur noch zu entsorgen. Über kurz oder lang darf Wild, das als Lebensmittel dienen soll, nicht mehr mit Bleischrot erlegt werden. Einige Länder haben dies bereits im Landesjagdgesetz festgeschrieben.

Bei der klassischen Querflinte sind die Läufe nebeneinander angeordnet.

Heute überwiegen Bockdoppelflinten mit übereinanderliegenden Läufen.

Mit Einstecklauf für eine kleine Kugel im rechten Schrotlauf wird der Drilling zum echten Ansitz-Allrounder.

Viele Drillinge oder Bockdrillinge (im Bild) haben heute frei schwingende Läufe.

ker wie Purdey oder Holland & Holland, die allerdings die Rolls Royce unter den Flinten bauen. Erstklassige Bockdoppelflinten in mittleren und gehobenen Preislagen bieten bekannte amerikanisch/belgische, italienische und deutsche Hersteller wie zum Beispiel Browning, Antonio Zoli, Benelli, Beretta, Fabarm, Fausti, Perazzi, Blaser und Krieghoff. Preisgünstige Einstiegsmodelle gibt es beispielsweise von Marken wie Akkar, Mercury, Rottweil, Sabatti sowie den Eigenmarken der großen Handelshäuser. Natürlich gibt es bei Schrotflinten auch Selbstlader und Vorderschaftrepetierer als sehr brauchbare Jagdwaffen von verschiedenen Herstellern – ob sie für die Erstausstattung des Jungjägers passen, muss jeder für sich entscheiden.

DRILLING

Wer zum Start gleich eine Multifunktionswaffe will und bereit ist, dafür auch was zu investieren, der sollte sich auch mit der Traditionswaffe der Jägerschaft schlechthin, dem guten alten, aber deshalb nicht unbedingt „veralteten" Drilling als Generalisten befassen. Dem „Angstgegner" in der Jägerprüfung, der aber – bei etwas genauerer Betrachtung – auch heute noch absolut spannende Möglichkeiten bietet.

ALLROUNDER FÜR DEN ANSITZJÄGER

Wenngleich ein Drilling auch nach Auffassung der Autoren Repetierer und Flinte kaum ersetzen kann und diese sicher zuerst in den Waffenschrank gehören, soll hier dennoch mit einem dummen Vorurteil aufgeräumt werden: Es ist schlicht Quatsch, zu behaupten, ein Normaldrilling mit zwei Schrotläufen und einem Kugellauf könne „zwar von allem etwas, aber dafür nichts richtig". Gerade für Ansitzjäger ist ein moderner Drilling die perfekte Jagdwaffe. Das kann ein fabrikneuer Standarddrilling mit einem im zweiten Schrotlauf präzise verbauten und eingeschossenen Einstecklauf für die kleine Kugel sein. Immer beliebter werden auch Doppelbüchsdrillinge mit zwei Büchsenläufen und einem Schrotlauf sowohl für die Einzeljagd als auch für Schalenwildbewegungsjagden, bei denen in einigen Fällen auch Füchse und gelegentlich Hasen freigegeben werden. Man ist mit ihm – vernünftiges Schießtraining und ein gutes variables Zielfernrohr vorausgesetzt – für wirklich alles Wild bestens gerüstet. Ein echtes Multitool unter den modernen Jagdwaffen, das weniger zum Prahlen mit höchster Feuerkraft, dafür aber für beste Streckenergebnisse im breiten Spektrum aller bejagbaren Wildarten taugt.

PRÄZISION DANK MODERNER TECHNIK

Insbesondere moderne Bockdrillinge mit frei schwingenden statt fest verlöteten Läufen bieten zudem selbst nach einer Reihe von Schüssen aus allen drei Läufen eine Wiederholgenauigkeit im Trefferbild, die bei den früher üblichen fest verlöteten Laufbündeln nach mehreren Schüssen schlicht unmöglich war. Auch die Treffpunktlage zwischen kleiner und großer Kugel lässt sich bei einem modernen Bockdrilling inzwischen mit passendem Zielfernrohr auf einer werksseitigen Montage so synchronisieren, dass beide Kugelläufe wiederholgenau Trefferkreise mit drei bis vier Zentimetern Durchmesser liefern.

AUGEN AUF BEI GEBRAUCHTKAUF

Bekannte Hersteller von modernen Drillingen unterschiedlicher Bauart sind vor allem die Marken Blaser, Heym, Merkel, Krieghoff und Antonio Zoli. Darüber hinaus gibt es eine große Auswahl an gebrauchten Drillingen. Hier sollten Jungjäger aber einen besonders wachen Blick auf den Gebrauchszustand und – wenn vorhanden – auf den echten Funktionsnutzen des Zielfernrohrs und den Zustand und die Qualität der Montage haben. Sonst sind hohe Nachrüst- und Instandsetzungskosten fast vorprogrammiert.

Ein altgedienter Suhler Drilling. Wer so ein „Schätzchen" gebraucht kauft, braucht einen wachen Blick.

TIPP
Achtung bei Drillingen und überhaupt Gewehren mit verlöteten Läufen. In den Hohlräumen kann sich Schwitzwasser bilden und zu Rost führen. Auch die vorhandenen Belüftungsbohrungen verhindern das manchmal nicht. Äußerlich sehen diese Waffen bestens aus, aber innen lauert die Gefahr. Hier kann oft nur der Büchsenmacher durch eine gründliche Untersuchung oder gar Ablöten eines Teils der Abdeckung weiterhelfen.

„JÄGERSCHRANK"
Unter diesem Begriff ist ein Waffenschrank der Sicherheitsstufe A für bis zu zehn Langwaffen zu verstehen. Des Weiteren verfügt der „Jägerschrank" über ein Innenfach der Sicherheitskategorie B für bis zu fünf Kurzwaffen und eine weiteres Innenfach mit Schwenkriegelschloss ohne Qualifizierung für die Munition

WAFFENSCHRANK

Waffen im Bettkasten oder Kleiderschrank, das war einmal. Mittlerweile fehlt nur wenig, und der Gesetzgeber verlangt die sichere Aufbewahrung der Jagdwaffen auf der nächsten Polizeidienststelle. Wie jeder Jäger muss auch der Jagdneuling seine Waffen unmittelbar bis zum Jagdantritt und auch unverzüglich danach wieder in einem geeigneten Waffenschrank aufbewahren. Die Existenz eines solchen Schranks ist spätestens bei der Eintragung erster Waffen in die WKB nachzuweisen. Ein guter Waffenschrank, der alle derzeitigen gesetzlichen Vorgaben in Hinblick auf getrennte Lagerung von Waffen und Munition erfüllt, ist daher eine Grundvoraussetzung und notwendige Erstanschaffung.
Wer in jüngster Vergangenheit in der Jagdpresse die zunehmenden Restriktionen und Auflagenverschärfungen für Jäger verfolgt hat, wird zudem dazu tendieren – und das ist auch unsere Autorenempfehlung –, gleich einen Waffenschrank einer höheren Euronorm als den derzeit noch zulässigen sogenannten „Jägerschrank" zu wählen. Kostet zwar mehr, verhindert aber, ein erst kürzlich angeschafftes zentnerschweres Trumm wieder ausmustern und gegen ein höherklassiges Panzermöbel austauschen zu müssen.
Gute Waffenschränke bieten Hersteller wie Burg Wächter, Format, Gefa, hdg, Hartmann, ISS, Sagerer, aber auch andere.

Moderner Waffenschrank mit biometrischem Fingerprint-Verschluss wie hier von Hartmann.

OPTIK

Ohne eine vernünftige Optik – und hier sowohl Fernglas als auch Zielfernrohr – fehlt dem Jäger der Durchblick und die Voraussetzung für einen verantwortungsvollen Schuss. Im besten Fall kommt der Waidmann gar nicht erst zu Schuss oder der geht komplett daneben, im schlimmsten Fall leidet eine Kreatur.

FERNGLAS

Unverzichtbar im Rucksack oder bei der Pirsch direkt vor der stolzen Jungjägerbrust ist natürlich ein richtig gutes Fernglas! Ohne Fernglas keine Jagd. Und wer hier mehr auf das Geld als die Qualität achtet, legt jagdlich nicht nur drauf, sondern liegt auch ziemlich daneben!
Jagd braucht Durchblick und Überblick in Bestform. Heute tut es da – von wenigen Ausnahmen der Topmarken einmal abgesehen – kaum noch ein gutes altes Erbstück und schon gar nicht ein „Hobby-Ornithologen-Gläschen". Alles unterhalb von 7 oder 8 × 42 als kompaktem Pirschglas sollte direkt im Auto oder gleich ganz zu Hause bleiben. Gebrauchtkauf mag bei den wichtigsten und teuersten jagdlichen „Werkzeugen" – also der Optik und den Waffen – unter besten Freunden vielleicht als „Vertrauenssache" funktionieren. Ansonsten ist er immer Grund zu einer sorgfältigen Prüfung!
Da hat eine Neuanschaffung in Erstbesitzerqualität neben Vorteilen wie Gewährleistung bzw. Garantiezeiten noch ein paar ganz andere Pluspunkte:

1. Technik neuester Stand,
2. Beratungsqualität durch den Händler,
3. ausgiebige Testmöglichkeiten,
4. im Top-Markenbereich hohe Wertbeständigkeit!

Alles wirklich gute Gründe, auf den etwas teureren Beratungskauf im Fachhandel zu setzen, falls man keine halbwegs „jungen" Ferngläser aus dem eigenen Familienkreis oder von langjährigen Jagdfreunden übernimmt.

Ob auf dem Ansitz oder bei der Pirsch – ein gutes Fernglas ist Voraussetzung für die Jagdpraxis.

OPTIKKAUF IST BERATUNGSKAUF!

Die beste herstellerunabhängige Beratung bietet der Büchsenmacher des Vertrauens im heimischen Sprengel. Der hat vielleicht nicht jedes Wunschglas gleich vorrätig, kann es aber zeitnah beschaffen und kümmert sich um den Service bei Reparaturen und Überholungen. Eine vernünftige Beratung durch die großen Herstellerfirmen selbst lässt sich vor allem auf den Jagdmessen einholen – dort werden auch die aktuellen Neuheiten vorgestellt. Die Beratungsmöglichkeiten sollten auf jeden Fall genutzt werden: Fehlkäufe kosten nicht nur Geld, sondern schmälern auch den jagdlichen Erfolg und die Freude am Waidwerk!

Bei der Ansitzjagd sind Dämmerungsleistung und Lichtstärke wichtiger als Größe und Gewicht.

Bei der Auswahl von Ferngläsern kommt es auch für Jungjäger auf den vorgesehenen jagdlichen Einsatzradius an. Für denjenigen, der sein künftiges Waidwerk überwiegend als Ansitzjäger in den frühen Morgenstunden und an langen Abenden plant, sind Größe und Gewicht von geringerer Bedeutung als eine hohe Dämmerungsleistung/Lichtstärke. Fernglas der Wahl ist da ein richtig gutes 8 × 56-Ansitzglas, dessen Vergrößerungsfaktor und vor allem großer Objektivdurchmesser die entsprechenden Leistungsdaten liefern – relativ schwer kann halt zuweilen mehr.

Beim Pirschen am Tage hingegen ist ein schweres Glas mit großem Objektivdurchmesser und maximaler Vergrößerung eher hinderlich als sinnvoll. Hier ist ein robustes, kompaktes und vergleichsweise leichtes Pirschglas das Mittel der Wahl.

STANDARDGLÄSER FÜR ALLE ZWECKE

Bewährt haben sich drei Ferngläser, mit denen sich alle jagdlichen Situationen bestens meistern lassen:

8 × 56: Dieses altbewährte Fernglas ist grundsätzlich für alle jagdlichen Zwecke geeignet, also für den Ansitz in der Dämmerung, die Pirsch usw. Es ist im Vergleich zu kleineren Gläsern zwar etwas schwerer, aber diese Nachteile werden durch maximale Dämmerungsleistung und vor allem das große Gesichtsfeld bzw. Sehfeld aufgewogen. Das große Sehfeld lässt Objekte schneller finden und vor allem auch mögli-

Das 8 x 56, der Klassiker unter den Jagdferngläsern. Viele Jäger schätzen den benutzerfreundlichen Mittelbetrieb und das große Sehfeld auch bei der Pirsch.

che Gefährdungen wie Spaziergänger, Fahrradfahrer usw. frühzeitiger erkennen, als das bei geringerem Objektivdurchmesser und damit kleinerem Sehfeld möglich ist. Das gilt natürlich auch für Zielfernrohre und deren Objektivdurchmesser und Sehfeld. Sie kennen den Spruch: Ist die Kugel aus dem Lauf, hält kein Teufel sie mehr auf. Da man in der Regel ja nur ein Fernglas mitnimmt und sich die Pirsch sehr häufig dem morgendlichen Ansitz anschließt, ist eben das Ansitzglas 8 × 56 der „Allrounder".

10 × 40: Dies ist das klassische Glas für den Gebirgs- oder Mittelgebirgsjäger. Beim Absuchen von Berghängen auf weitere Distanzen ist man mit der 10-fachen Vergrößerung im Vorteil. Aufgrund des geringen

TIPP

Bei Jagdnovizen älteren Jahrgangs fällt der von Herstellern gerne beworbene große Austrittspupillen-Durchmesser (Objektivdurchmesser geteilt durch Vergrößerungsfaktor) längst nicht mehr so stark ins Gewicht wie bei jungen Jagdanfängern. Einen Wert von sieben Millimetern oder sogar darüber vermag das ältere Auge nicht mehr voll auszunutzen, da sich seine Pupille nicht mehr so stark weiten kann. Bei hochwertigen Ansitzferngläsern ist eine große Austrittspupille also mit Sicherheit nicht verkehrt, deren Nutzen nimmt aber mit zunehmendem Alter des Jägers ab.

Objektivdurchmessers muss man in der Dämmerung zwar Einbußen hinnehmen, aber alles kann man eben nicht haben.
8 × 30 ist ein beliebtes Glas für die Auslandsjagd, vor allem wenn, wie in vielen Ländern, das Jagen in der Dämmerung ohnehin verboten ist und Hitze oder aufsteigende Warmluft eine Rolle spielen. Das Flimmern der Luft wird um den Vergrößerungsfaktor des Glases verstärkt und entsprechend wahrgenommen. Da ist 8-fach schon besser als 10-fach.
Ferngläser mit anderen Vergrößerungsfaktoren und Objektivdurchmessern sind zweifelsohne ebenfalls verwendbar, aber warum hier Abstriche machen?

VERGÜTUNG UND ENTFERNUNGSMESSER

Was hingegen bei der Fernglaswahl grundsätzlich immer nutzt, egal ob für Pirsch oder Ansitz, sind eine exzellente Vergütung der Linsen mit hoher Transmission (Lichtdurchlässigkeit), eine perfekte – stoß- und wasserdichte – Verarbeitung sowie eine erstklassige Handlichkeit im Sinne von modernem ergonomischem Design.

Leichtes Pirschglas

Brillenträger sollten bei der Fernglasauswahl besonders aufmerksam und wählerisch sein. Mittlerweile zum Standard an Ferngläsern zählend, müssen Stülp- oder Schraubmuscheln für Brillenträger so verstellbar sein, dass auch mit Brille der richtige Augenabstand zur Linse eingehalten werden kann. Daneben müssen Brillenträger auch größeres Augenmerk auf den Dioptrien-Verstellbereich legen.
Spätestens, wenn man bei der Bergjagd oder in Revieren mit großem Feldanteil weite Schussentfernungen ohne Fehl- oder Krankschüsse zu bewältigen hat, kommt auch der Wunsch nach einem im Fernglas direkt verbauten Entfernungsmesser auf. Wer sich den als Jungjäger grundsätzlich schon bei der Zusammenstellung seiner Erstausrüstung leisten kann und will, macht damit gewiss nichts verkehrt und kauft vorausschauend.
Erstklassige Ferngläser für alle jagdlichen Einsatzzwecke in einem langen erfolgreichen Jägerleben gibt es von Herstellern wie Zeiss, Leica, Swarovski, Minox, Meopta, Steiner, Nikon und weiteren Anbietern.

ZIELFERNROHRE

Früher war alles anders, aber auch besser? Ein bis zwei „unverglaste" Langwaffen für ein ganzes Jägerleben, fertig. Entweder die Repetierbüchse plus Schrotflinte oder als Kombinierte ganz klassisch der Standarddrilling mit Einstecklauf für die kleine Kugel in einem der Kaliber-12-Schrotläufe. Vor wenigen Jahrzehnten wäre das die Langwaffen-Grundausstattung gewesen. Ende Gelände, die Jagd konnte kommen. Egal ob Ansitz oder Pirsch, bei auskömmli-

AUCH MEHR KANN MEHR SEIN

Ein kurzer Sprung zurück zum Rucksack: Weniger ist (da) mehr, lautet inzwischen auch die Devise zahlreicher Jungjäger. Aber auch mehr kann mehr sein, wenn es um das Thema Natur- und Wildbeobachtung geht. Nach Auffassung der Verfasser gehört nicht nur bei der Berg- und Auslandsjagd, sondern gerade für künftige heimische Ansitzjäger mit angewölftem Sitzleder am Hinterteil ein gutes Spektiv in einen dann eben etwas größeren Rucksack. Selbst die besten Ferngläser bieten auf größere Entfernungen nicht die Detailgenauigkeit eines ordentlichen Spektivs mit 20-facher oder höherer Vergrößerung und mit 60 oder mehr Millimetern Objektivdurchmesser. Als „Ausziehfernrohr" benötigt ein Spektiv schon in mittlerer Preislage auch nicht viel Platz und wiegt nicht die Welt. Es belohnt aber jeden passionierten Waidmann mit der Möglichkeit zu grandiosen Beobachtungen,– ob nun eines Eichelhähers auf kürzere Distanz oder eines Brunftgeschehens auf 300 Meter Entfernung. Gerade für Jungjäger ist ein Spektiv ein perfektes Lern- und Hilfsmittel für Naturerlebnisse und die korrekte Wildansprache. Und sorgt so für einen weitaus sinnvolleren „Zeitvertreib" auf dem Ansitz als jede ablenkende Smartphone-App …

chen Lichtverhältnissen hieß es da einfach: Anblick, Ansprechen durch das Fernglas, passt, anbacken, fliegen lassen. Kimme, Korn, Schuss. Treffer – auf 30 bis maximal 100 Meter für den Normaljäger mit ruhiger Hand. Das Stück lag, Waidmannsheil! Ein Zielfernrohr auf der Kugelwaffe oder Kombinierten? Meist noch Fehlanzeige.

GEÄNDERTE BEDINGUNGEN

Heute sieht die Sache in aller Regel anders aus. Das Wild wird durch immer mehr Naturnutzer und zunehmenden Jagddruck deutlich heimlicher, die Anforderungen zur waidgerechten Erlegung unseres gewünschten Wildes sind deutlich gestiegen. Tagaktives Schwarzwild ist ebenso selten wie es schwierig ist, außerhalb der Blatt- und Brunftzeit bei gutem Tageslicht dicht an Reh- und Rotwild heranzukommen – jagdliches Können hin oder her. Den Ausgleich muss die Technik bieten. Vor allem durch ein richtig gutes Zielfernrohr auf der Kugelwaffe. Und das bitte schon direkt mit der Erstausstattung angeschafft! Zielfernrohre zählen bei der Anschaffung sowohl von Repetierbüchsen als auch von Kipplaufwaffen wie Drillingen, Bergstutzen, Büchsflinten und Doppelbüchsen zur unverzichtbaren Grundausstattung. Immer dann, wenn es um den Kugelschuss geht, sind sie das wichtigste Waffenzube-

Spektive erlauben fantastische Beobachtungen.

hör für wohl jeden Jäger und für Jungjäger allemal!
Aber auch hier gilt wieder: Auf den jagdlichen Anlass kommt es an. Der Kauf des zur Kugelwaffe passenden Zielfernrohres will also wohl überlegt und gut beraten sein. Denn die Auswahl ist inzwischen riesengroß. Vom Drückjagd-Zielfernrohr mit variabler Vergrößerung ab 1 aufwärts und einem kleinen Objektivdurchmesser bis zum Long-Range-Zielfernrohr mit bis zu 25-fachen Vergrößerungen und Objektivdurchmessern jenseits der 56 Millimeter.

FÜR ANSITZ UND DRÜCKJAGD

Wer es als Jungjäger finanziell hat und auch passend investieren will, der legt sich zu seiner Kugelwaffe oder Kombinierten mindestens ein großes Jagdzielglas mit variabler Vergrößerung und ein offenes Rotpunktvisier zu oder gleich zwei Zielfernrohre: Ein ordentliches Drückjagdglas mit variabler zwischen 1- und mindestens 4-facher Vergrößerung sowie dem üblichen Objektivdurchmesser von 24 Millimetern. Und ein richtig gutes klassisches Jagdzielglas für die meisten jagdlichen Einsätze inklusive langer Abendansitze mit variabler Vergrößerung von 3- bis 12-fach und 50 bis 56 Millimetern Objektivdurchmesser. Stand der Technik sollten auch für den Jungjäger heute dabei ein stufenlos einstellbares Leuchtpunkt-Absehen, höchste Transmission (Lichtdurchlässigkeit) sowie Dioptrienausgleich (für Brillenträger), und für den Weitschussfanatiker vielleicht auch Parallaxeausgleich sein. Auf die bei uns üblichen Schussentfernungen von 100 bis 150 Metern ist ein solcher Ausgleich verzichtbar. Die „großen Vier" des europäischen Sportoptik-Geschäftes, Leica, Swarovski, Schmidt & Bender und Zeiss bieten Zielfernrohre verschiedenster Art in mehreren Qualitäts- und Preisstufen an. Spitzenqualität zu Spitzenpreisen ist ebenso dabei wie mittlere und teilweise auch Einstiegspreis-

Optimal: ein lichtstarkes Ansitz-Zielfernrohr mit variabler Vergrößerung bis zu 10- oder 12-fach und ein Drückjagdglas mit maximal 4-facher Vergrößerung.

Auf der Bewegungsjagd muss es möglichst rasch gehen. Das große Sehfeld von Scheibenreflexvisieren erlaubt eine zügige Zielerfassung und das frühzeitige Erkennen von Gefahrenmomenten.

lagen. Vor allem in mittleren Preisbereichen, zum Teil bis hinunter zu Einstiegspreisen von weniger als 1.000 Euro, punkten aber auch weitere bekannte Marken: Docter, Kahles, Leupold, Meopta, Minox, Nikon, Schmidt & Bender und Steiner bieten hier eine breite Auswahl hochwertiger Zielfernrohre für jedweden jagdlichen Einsatz.

Manche Waffenhersteller bieten Original-Zielfernrohrmontagen an. Präzisionsmontagen fertigen aber auch andere Firmen.

ZIELFERNROHR-MONTAGE

Auf die richtige Montage kommt es – mit! – an. Viele Waffenhersteller bieten inzwischen speziell auf ihre Waffen abgestimmte Montagen an. Solche Originalmontagen können zuweilen deutliche Präzisionsvorteile haben. Bekannt für Präzisionsmontagen sind auch Firmen wie EAW und andere. Inzwischen lassen sich laut Herstellerangaben auch Zielfernrohre zur gleichzeitigen Verwendung auf mehreren Gewehren montieren und verwenden. Eine Korrektur des Absehens ist aber eigentlich immer erforderlich. Wenngleich laut Herstellern bei einer Absehenschnellverstellung dann auf ein erneutes Einschießen verzichtet werden kann, ist ein Kontrollschuss vor dem Schuss auf Wild immer ratsam. Ob es passende werksseitige Montagen zur perfekten Verbindung von Waffe und Zielfernrohr gibt, erfährt man beim Büchsenmacher.

GERÜSTET FÜR ALLE FÄLLE – UNSERE EMPFEHLUNG

Legen Sie sich am besten ein variables Zielglas zwischen 2- bis 12-facher Vergrößerung zu. Stellen Sie aber die Vergrößerung möglichst immer auf 6-fach. Erst wenn Sie es wirklich brauchen, variieren Sie mit der Vergrößerung und zoomen ran oder raus. Ein beleuchtetes Absehen ist ein Muss. Eingeschaltet werden muss es nur im Bedarfsfall. Wichtig ist, immer Ersatzbatterien dabeizuhaben, insbesondere bei großer Kälte. Dann werden sie am Körper getragen und warmgehalten.
Als Ergänzung empfehlen wir für Bewegungsjagden auf Schalendwild ein Scheibenreflexvisier wie z. B. das Docter Sight, das Z-Point Reflexvisier oder das Compact Point Rotpunkt-Reflexvisier von Zeiss bzw. ähnliche oder ein Röhrenreflexvisier (z. B. Aimpoint). Reflexvisiere müssen Sie vom Büchsenmacher in die vorhandene Zielfernrohrmontage einpassen lassen. Auf Schützenständen mit einem Schussbereich von 50 Metern und mehr kommt dann das Zielfernrohr mit vielleicht 2,5-facher Vergrößerung zum Einsatz und auf Ständen mit einem Schussbereich von unter 50 Metern das nicht vergrößernde Reflexvisier (Rotpunktvisier).
Vergessen Sie aber nicht, gelegentlich kann auch der Fangschuss über Kimme und Korn nötig werden. Auch der Schuss mit offener Visierung muss geübt werden!!!

AUF DER SUCHE NACH JAGDMÖGLICHKEITEN

VORBEMERKUNGEN

Jagdgelegenheiten für Jungjäger gibt es selten sofort und auch nicht umsonst. Wer längerfristig und einigermaßen planbar jagen möchte, der braucht dafür nicht nur genug Zeit, sondern schlicht und einfach so viel Geld, wie zur Bezahlung einer Jagdmöglichkeit – ob Einzelabschüsse, Pirschbezirk oder Begehungsschein – notwendig ist.

Und das hat seinen guten Grund: Die Kostenseite insbesondere potenzieller privater „Jagdmöglichkeitsverschaffer" hat es ziemlich in sich!

DAS JAGDREVIER – SOLL ...

Das sind Jagdpacht, Versicherungen, Steuern und weitere Abgaben. Hinzu kommen die Honorierung von Jagdaufsehern und anderen Unterstützern, Erwerb und Erhalt von Reviereinrichtungen, Jagdfahrzeuge, Reviergerät und Werkzeuge. Außerdem fallen Kosten für die laufende Revierpflege und Hegemaßnahmen inklusive Anlage und Unterhaltung von Äsungsflächen, Kirrungen etc. sowie weitere Betriebsmittel an. Und nicht zuletzt sind da Wildschadensprävention und Wildschadensausgleichskosten. Das alles kostet Jagdpächter und Eigenjagdbesitzer Jahr für Jahr extrem viel.

... UND HABEN

Auf der „Haben-Seite" stehen hingegen häufig nur das Vergnügen am gestaltenden Naturerlebnis und die jagdliche Passion plus die Erlöse aus Wildbretverkauf. Egal wie man es rechnet, in den meisten Fällen ist eine gepachtete heimische Jagd ein ordentliches wirtschaftliches Zuschussgeschäft. Das lässt sich auch nur sehr bedingt durch die Vergabe von Jagdmöglichkeiten gegen Entgelt oder alternativ die kostenreduzierende Übernahme von Revierarbeiten im Tausch gegen solche Jagdgelegenheiten verbessern. Soweit, so gut – und so viel vorab.
Ob und wie viel dann für die jeweilige Jagdgelegenheit gezahlt oder anderweitig über eine Art „Zeitkonto" abgearbeitet werden muss, ergibt sich häufig aus der gewünschten Intensität der Jagdausübung und den tatsächlichen Möglichkeiten vor Ort.

Das eigene gepachtete Jagdrevier – in der Regel ein Zuschussgeschäft.

WEGE ZUM ERSTEN WILD

Der erste Jagdschein ist voller Stolz gelöst, die wichtigsten Anschaffungen für die Jagd sind getätigt, es kann und darf gejagt werden. Nur, bitte – wie, was und vor allem wo? Der Möglichkeiten zum jagdpraktischen Einstieg gibt es viele.

Wem Diana hold und das Schicksal wohlgesonnen ist, der lehnt sich jetzt entspannt zurück und überblättert dieses Kapitel: familieneigene Jagdgelegenheit ausreichend vorhanden. Egal ob in direkter Blutslinie oder im erweiterten Familienkreis, der erste freigegebene Fuchs, Überläufer oder Knopfbock harrt seiner ortsnahen Erlegung, alle drei wissen es nur noch nicht. Trotzdem schon mal Waidmannsheil, läuft doch!

Für alle anderen heißt es: Nachdenken und Pläne schmieden. Und nicht verzagen, wenn es nicht sofort klappt. Niemand hat schließlich auf frisch bestallte Jungjäger gewartet, mithin werden sie – so bedauerlich das auch ist – oft genug sogar als künftige Revier- und Beutekonkurrenten empfunden.

Geschafft – ein Jungjäger erhält seinen Jägerbrief. Wie kommt er jetzt aber zu Jagdgelegenheiten?

„EIGENGEWÄCHSE" UND „ZUGEREISTE"

Insbesondere Jagdneulinge aus Jagdschulen, ohne jedweden familiär jagdlichen Background, die ihren Jägerkurs in entfernten Bundesländern absolviert und bestanden haben, fangen bei der Suche ihrer heimatnahen Jagdgelegenheiten häufig praktisch bei „Null" an. Keine Kontakte, keine Verbindungen, keine (bekannte) Jagdmöglichkeit außer beim Forst oder den Jagdschulen selbst, die meist über eigene Reviere verfügen.

KONTAKTE AUS DER AUSBILDUNGSZEIT

Jagdkursabsolventen aus den Kreisjägerschaften können es da zuweilen etwas leichter haben: Sie kennen zumindest schon einmal wichtige Ehrenämtler ihrer Jagdregion aus der Ausbildungszeit. Und werden deshalb dann zum Teil auch recht schnell in die Arbeit ihrer Kreisgruppe beziehungsweise den örtlichen Hegering eingebunden.

Wer seine Sache im Jägerkurs besonders gut gemacht hat und aktives Interesse an jagdlichem Brauchtum wie zum Beispiel dem Jagdhornblasen oder der Hundeausbildung zeigt, ist praktisch schon im Gespräch und wird zumindest nicht sehr lange auf seine erste Einladung zu einer Gesellschaftsjagd warten müssen.

„ZUSATZQUALIFIKATIONEN"

Dies gilt im Übrigen auch für Jungjäger, die aufgrund ihrer beruflichen Fähigkeiten z. B. als Handwerker (Maler, Schreiner, Elektriker etc.) oder Freiberufler (Arzt, Jurist, Wirtschaftsprüfer usw.) etwas anzubieten oder „einzutauschen" haben. Lehrer, Finanzbeamter oder Sozialpädagoge als Brotberuf eines Jungjägers kommt dabei nicht ganz so gut an wie „Dorfsheriff" sprich Polizist. Manchmal helfen auch schon entsprechend ausgebildete und beruflich erfolgreiche bzw. gut vernetzte Väter oder Mütter weiter. Ist doch klar: Beziehungen sind eben nur für den schlecht, der keine hat.

Doch wie lassen sich nun Jagdgelegenheiten finden oder auch aktiv schaffen? Wer am liebsten heimatnah jagen möchte, für den ist ein erster wichtiger Schritt der Zugang zur örtlichen Jägerschaft. Und die ist absolut offen für Neuzugänge „von draußen", das heißt, man freut sich nicht nur über das Interesse der Jungjäger, die in der eigenen Kreisgruppe ihren Jagdschein gemacht haben.

KREISJÄGERSCHAFT UND HEGERINGE

Die Strukturen der verbandsorganisierten Jägerschaft sehen hierzulande so aus, dass im Deutschen Jagdverband mit Ausnahme von Bayern alle Landesjagdverbände organisiert sind. In den Landesjagdverbänden befinden sich dann als organisatorische Untergruppierungen die Kreisgruppen, die sich wiederum aus den örtlichen Hegeringen und Hegegemeinschaften zusammensetzen. Wann und wo sich Jäger vor Ort zum Beispiel für Jägerstammtische, aber auch andere Veranstaltungen wie themenspezifische Kurse und Schulungen treffen, erfährt man daher am leichtesten über die Kreisgruppen.

MITGLIEDSCHAFT IM LANDESJAGDVERBAND

Viele Kreisgruppen unterhalten inzwischen eigene Webauftritte in Form von Homepages. Das kann man frei im Netz suchen oder sich den Zugang zu den Jägerschaften über die DJV-Seite „www.jagdverband.de" mit ein paar Klicks und den Buttons „Landesjagdverbände" verschaffen. Oder man fragt beim Lösen des ersten Jagdscheines einfach bei der Unteren Jagdbehörde nach entsprechenden Kontaktadressen.

Ganz ähnlich läuft es, aber ohne Bundesverband, beim Bayerischen Jagdverband, der eigenständig die Interessen seiner süddeutschen Jägerschaft vertritt. Dessen Homepage lautet „www.jagdbayern.de". Immer wieder stößt man in den Untermenüs der Verbandsseiten auch auf spezielle Themenbuttons für Jungjäger. Es lohnt sich also in jedem Fall – selbst wenn dies für einen Erstkontakt zu Jägern in den lo-

kalen Hegeringen sicher keine Pflicht ist –, Mitglied im jeweiligen Landesjagdverband zu werden. Das kostet pro Jahr meist nicht mehr als eine Schachtel ordentlicher Büchsenmunition, hält aber dafür länger.
Man fördert und unterstützt dadurch nicht nur die Interessenvertretung der gesamten Jägerschaft gegenüber Politik und anderen gesellschaftlichen Gruppen, sondern erhält auch handfeste Vorteile, auf Netzwerkebene sowie bei diversen Themen rund ums Jagdgeschehen – ein paar Rabattprozente beim Ausrüstungs- und Fahrzeugkauf inklusive. Aber das nur am Rande.
Interessant und regelmäßige Besuche wert sind auch die Online-Foren „Junge Jäger" der Landesjagdverbände.
Aus Gründen der Objektivität sollen als weitere Chance zum Erhalt von Jagdgelegenheiten für interessierte und entsprechend motivierte Jungjäger hier auch die Alternativorganisation, der Ökologische Jagdverband, kurz ÖJV, und seine Landesverbände erwähnt werden. Entsprechende Informationen und Kontaktadressen finden sich ebenfalls im Netz.
Interessant ist auch der von Jagdaufsehern und Berufsjägern gegründete Deutsche Wildschutzverband (http://www.d-w-v.de) mit seinen Untergliederungen in verschiedenen Bundesländern, wenngleich dessen vorrangiges Ziel nicht unbedingt die Vermittlung von Jagdgelegenheiten ist.

KONTAKTAUFNAHME

Ab diesem Punkt beginnt die eigentliche Arbeit der direkten Kontaktaufnahme. Hegeringleitung ansprechen und unter Verweis auf den eigenen Jungjägerstatus auf Kontaktsuche nach der nächsten Veranstaltung fragen.
Jetzt heißt es, aufgepasst und wirklich – unverkrampft ehrlich – den Zugang suchen. Für den ersten Eindruck gibt es bekanntlich keine zweite Chance. Jungjäger, die meinen, mit der „Achtung, jetzt komme

Über die Online-Portale der Landesjagdverbände, im Bild Baden-Württemberg, findet man rasch die örtlichen Kreisjägerschaften.

TIPP

Beim ersten Kontakt zum Hegeringleiter mit der Tür ins Haus zu fallen und um eine Liste von möglichen Jagdgelegenheiten nachzusuchen, ist nicht besonders clever: Erstens gibt es solche Listen schlicht nicht, denn das läuft immer im persönlichen Kontakt unter Jägern oder durch Empfehlungen. Zweitens wird keine verantwortungsbewusste Hegeringleitung wildfremde Jagdanfänger auf die Revierinhaber loslassen. Ohne gegenseitiges Bewinden und ausgiebigen Anblick läuft da gar nichts.

Hegeringversammlungen sind ein geeigneter Ort, Kontakt zur örtlichen Jägerschaft zu herzustellen.

ich!"-Methode beeindrucken zu können, brauchen erst gar nicht zu erscheinen: Sie werden nämlich so weder erwartet noch positiv zur Kenntnis genommen. Weder Duckmäusertum noch Prahlerei sind das Gebot der Stunde. Höflichkeit und ehrliches, ungeheucheltes Interesse sowie natürliches Auftreten als zukünftiger Waidgenosse und Mitjäger sind gefragt und gerne gesehen.

NICHT ÜBERTREIBEN!

In Abstimmung mit der Hegeringleitung, die den Jungjäger in die Runde einführt und begrüßt, können selbstbewusste Zeitgenossen gerne ein paar Sätze zu ihrer Person loswerden und ihre Entscheidung für die Jagd begründen. Oder es erst mal dabei belassen, freundlich in die Runde grüßen und den unverkrampften Kontakt zu den eigenen Tischnachbarn zur Linken und Rechten suchen. Ein „Waidmannsheil",

TIPP

Tun Sie sich selbst einen Gefallen und fragen Sie bei der ersten Kontaktaufnahme zur örtlichen Jägerschaft den Leuten keine Löcher in den Bauch. „Wie groß ist Ihr Revier denn und wie stark sind ihre Rotwildbestände", „Wann läuft denn Ihre Jagdpacht aus?" oder vermeintlich besonders clevere Fragen wie „Haben Sie eigentlich genug fitte Mitjäger, um die Wildschäden im Griff zu halten?" entlarven Ihre Absichten allzu offensichtlich. Wie sprach der Philosoph Boethius – kein Jäger! – so treffend: „Si tacuisses, philosophus mansisses." (Wenn du geschwiegen hättest, so wärest du ein Philosoph geblieben). Wir ergänzen gedanklich: Oder ein für Jagdeinladungen tauglicher Jungjäger geworden!)

Biotoppflegemaßnahme durch Jäger. Auch dabei sind zupackende Hände gern gesehen.

verbunden mit der Nennung des Namens und einem festem Händedruck für jeden, den man bei so einem Jägerstammtisch oder einer ersten Hegeringversammlung kennenlernt, schadet nie.
Das sollte es aber zum Anfang bitte auch schon sein. Also weder ein Drei-Seiten-Vortrag nach der Vorstellung durch die Hegeringleitung noch Anbiederung durch unaufgefordert kredenzte Lokalrunden für die versammelte Jägerschaft. Ansitzen, aufmerksam beobachten und Kontakt halten.

GEDULD ZAHLT SICH AUS

Gut Ding will nun mal Weile haben und Geduld zahlt sich aus. Ohnehin zwei Erfahrungen, die passionierte Ansitzjäger ihr Jägerleben lang immer wieder machen werden. Nach dem ersten Treffen kommt, wenn es reibungslos lief, ein zweites. Da kennt man ja als Jungjäger schon ein paar Namen mehr und kann durchaus danach fragen, ob der Sitznachbar kürzlich Waidmannsheil hatte und wie der letzte Vollmondansitz verlaufen ist.

Ist das Treffen im Frühsommer, dann schadet es auch nicht, selbst davon zu sprechen, dass man lernen möchte, wie Hochsitze gebaut und Wildäcker angelegt werden. Oder man gerne die sehr geringe eigene Praxis im Aufbrechen von Wild durch praktisches Lernen am Stück von erfahrenen Jägern verbessern würde.
Wer das ehrlich meint und auch so vorträgt, der steht bei jedem guten Jäger mit Herz schon mit einem Fuß im Revier. Aber bitte tatsächlich erst mal nur mit Säge und Hammer oder der Aufbrechklinge bewaffnet und nicht mit der geschulterten Büchse. Der Rest ergibt sich und dauert, wenn man sich bei der Revierarbeit gut bewiesen hat, sicher nicht mehr ewig lange – die Einladung zum Ansitz mindestens auf ein Schmalreh folgt, wetten?

ALS TREIBER ZU DEN ERSTEN GESELLSCHAFTSJAGDEN

Ebenfalls positiv aufgenommen wird es an Jägerstammtischen oder bei anderen Veranstaltungen wie Nachsuchenseminaren, darauf hinzuweisen, dass man sich als Jagdnovize gerne als Treiber bei Gesellschaftsjagden beteiligen möchte. Aber dann gilt es auch: Treiber sind keine Durchgehschützen, will sagen, wenn nicht ausdrücklich vom Jagdherrn gewünscht, bleibt jede Schusswaffe – selbst der Revolver zur vermeintlichen Eigensicherung – im heimischen Waffenschrank. Ein ordentliches Messer darf natürlich mit!
Wer das so akzeptiert und während der Jagd zwar sichtbar, aber nicht auffällig für den Jagdherrn oder die Beständerin wird, der hat für die nächste Gesellschaftsjagd in dem entsprechenden Revier schon ziemlich sicher sein Jagdgast-Ticket gelöst. Und be-

ZUR ERSTEN DRÜCKJAGD NICHT WIE „BUFFALO BILL"

Bei der ersten Jagdeinladung zu einer Gesellschaftsjagd im heimischen Sprengel als Schütze ist auch die Wahl der geeigneten eigenen Langwaffe ein Thema: Klar war „Buffalo" Bill Cody ein begnadeter Büffeljäger und John Wayne soll ja abseits der Kinoleinwand mit einem seiner Unterhebel-Repetierer nebenbei auch erfolgreich jagdlich Strecke gemacht haben. Warum da als Jungjäger eigentlich nicht auch einen Marlin oder Winchester Unterhebel-Repetierer mit kompaktem Drückjagd-Zielfernrohr mit zur ersten Drückjagd nehmen? So ein Gewehr sieht schließlich gut aus und hat mindestens fünf bis sechs Patronen im Röhrenmagazin. Kann man so machen, keine Frage. Kommt nur bei traditionsbewussten Beständern und Mitjägern in unseren Breitengraden meistens nicht gut an. Als Durchgehschütze kann man einen Unterhebel-Repetierer ja wegen seiner Handlichkeit noch ganz gut begründen, aber als klassische Drückjagd-Waffe sorgen diese „großen Jungenträume" in unserer Jägerschaft immer noch für Stirnrunzeln oder ein paar deutliche Ansagen. Das gilt – man mag es bedauern oder nicht – in konservativen Jägerkreisen auch für Selbstladebüchsen und großkalibrige Kurzwaffen in gut sichtbar tief geschnallten Oberschenkel-Holstern. Mit Pech verkneift sich ein Jagdherr beim nächsten Mal dann die begehrte Einladung. Also aufpassen, mit welcher Bewaffnung es in Richtung Gesellschaftsjagd geht. Am besten unauffälligeres Jagdgerät mitnehmen.

Gesellschaftsjagden machen auch als Treiber Freude – und bieten Gelegenheit, Kontakte zu knüpfen.

Wohl dem, der einen jagdlichen Mentor hat: Außer seiner Praxiserfahrung bietet der vielleicht sogar das erste Beuteerlebnis.

kommt während der Pausen und dem Schüsseltreiben dieser ersten Gesellschaftsjagd als „Jungjäger-Treiber" zusätzlich reichlich weitere Kontakte. Abgesehen vom herrlichen Wildanblick während der Jagd und der feierlichen Zeremonie des Streckenlegens und der Bruchübergabe mit musikalischer Untermalung durch einen Bläserchor.

EIN „LEHRPRINZ" MACHT ES LEICHTER

Zugegeben, der Weg über die örtliche Jägerschaft ist für Jagdneulinge ohne bereits bestehende Verbindungen zunächst einmal mühsam. Und ein zeitnaher Erfolg ist meist ungewiss. Aber es ist einer der Königswege, selbst wenn man sich erst Schritt für Schritt bekanntmachen und dann „hochdienen" muss.

Diesen Weg verkürzen können, wie bereits erwähnt, nur Jungjäger, die in der Kreisjägerschaft ihre jagdliche Ausbildung absolvierten und danach vielfach einen Lehrprinzen an ihrer Seite haben, der nicht nur allerlei nützliche Türen öffnet und Wege

TIPP

Verschiedene Jagdschulen bieten nach dem eigentlichen Jägerkurs im Rahmen von Kursen und Seminaren Jagderlebnisse mit krönendem Waidmannsheil an. Diese Möglichkeiten liegen natürlich nur für einen Teil der Jungjäger direkt vor der Haustür und schaffen zudem selten dauerhafte Jagdgelegenheiten. Sein erstes Stück Schalenwild kann man dort jedoch meist unter erfahrener, sachkundiger Anleitung erlegen, aufbrechen und versorgen – sich quasi „freischwimmen".

ebnet, sondern sie auch praktisch im vertiefenden jagdlichen Lernprozess eine gewisse Zeit begleitet. Da ist häufig – bei wechselseitiger Sympathie – nach gemeinsamen Ansitzen oder zusammen erlebter Pirsch sogar der erste freigegebene Abschuss „inklusive". Und kostenlos.

REGIEJAGDEN DER FORSTVERWALTUNGEN

Ein zweiter Weg zu einer gewünscht ortsnahen Jagdgelegenheit, der jedem Jungjäger – ungeachtet seiner Ausbildungsstätte und Kurswahl – weit offen steht, sind die staatlichen und ggf. kommunalen Forstämter. Von Einzelabschuss oder Drückjagdteilnahme bis zum Pirschbezirk oder einem Begehungsschein stehen hier zahlreiche Jagdmöglichkeiten auf dem Programm. Aber dies ebenfalls nicht auf Zuruf oder per Fingerschnippen, sondern mit zeitlichem Vorlauf. Denn diese Jagdmöglichkeiten sind nicht nur bei Jungjägern, sondern auch von jagderfahrenen revierlosen Jägern inzwischen heiß begehrt.

KLARE ERWARTUNGEN AN DEN „KUNDEN"

Einen ganz großen Vorteil hat es schon, hier anzudocken: Man muss weder allzu laut noch oft „Bitte" oder „Danke" sagen. Einsatz und Geld genügen. (Jung)Jäger sind für viele Forstämter schlicht und einfach Kunden, an die man aber auch ganz klare Erwartungen hat: dass sie sauber und – von Einzelabschüssen einmal abgesehen – möglichst viel jagen. Und dass sie gerade beim Schalenwild im Rahmen der Vorgaben ausreichend Strecke machen, natürlich ohne andere Waldnutzer in ihrer Freizeitgestaltung zu beeinträchtigen. Wem das klar ist, der findet hier sehr unkomplizierten und ambitionsfreien Zugang zu den im Forstbesitz oder Forstverwaltung befindlichen Revieren in seiner Region.
Man kann im Netz mit den Suchbegriffen „Jagdgelegenheiten Forst" oder „Forstamt …" mit Eingabe des eigenen Wohnorts oder der nächstgrößeren Stadt gezielt nach dem lokalen Forstamt suchen oder den Weg über den jeweiligen Landesforst in seinem Heimat-Bundesland gehen.

PERSÖNLICHER KONTAKT

Auch wenn sich inzwischen vieles „online" erledigen lässt, ist ein persönlicher Kontakt zum örtlichen Forstamt vor allem zur Bewerbung um einen Pirschbezirk oder einen Begehungsschein vielfach der bessere Weg. Dort erfährt man „face to face" welche konkreten Möglichkeiten bestehen und wie es um Wartezeiten und Kosten bestellt ist. Außerdem wird es vielfach gerne gesehen, den jagdlichen Kenntnisstand und das Jagdverhalten von Jungjägern erst mal bei Einzelabschüssen zum Beispiel im Rahmen

TIPP

Auch für die persönliche Vorstellung beim Forst gilt: „Wie du kommst gegangen, so wirst du auch empfangen". Das heißt, wer sich vernünftig benimmt und nicht wie „Graf Rotz von der Rennbahn" auftritt, der hat es leichter. Kein Forstamt ist schließlich verpflichtet, einem Jungjäger die passende Jagdgelegenheit zu verschaffen.

von geführten Einzeljagden oder Drückjagdteilnahmen besser kennenzulernen. Was ganz grundsätzlich gut und richtig ist, weil es dem Jungjäger selbst auch die Gelegenheit bietet, bei der ersten Jagdpraxis nicht allein auf weiter Flur zu agieren. Da zählt ein offenes und ehrliches Wort, insbesondere der klare Hinweis, dass man noch nie Wild erlegt und versorgt hat und somit absoluter Neuling ist. Forstamtsleiter oder ihre mit der Betreuung der Jagdvergaben befassten Förster haben dafür nicht nur Verständnis, sondern begleiten und helfen gerne bei der Erlegung sowie Versorgung des ersten Stückes.

Auf den ersten Ansitzen „mit Beuteabsicht" ist die Begleitung eines erfahrenen Jägers Gold wert.

KONTAKT ZU ERFAHRENEN JÄGERN

Außerdem bekommt man als Jungjäger durch den Erhalt eines Pirschbezirks oder eines Begehungsscheins natürlich ziemlich schnell Kontakte zu den Mitjägern und begleitenden Förstern. Mitjäger können dabei auch gestandene Grünröcke sein, die einfach Kosten und Betriebsaufwand einer Jagdpacht scheuen, dafür aber reichliche Erfahrung zur erfolgreichen Jagdausübung mitbringen. Und häufig bereit sind, diese mit ihren noch unerfahrenen Jungjägern zu teilen, wenn sie sich in deren kameradschaftlicher Gesellschaft wohl fühlen. Man kennt sich, schätzt sich und hilft sich. Wer jagt auf Dauer schließlich schon gern ganz allein, ohne menschlichen Anschluss und Verbindung zu Gleichgesinnten?

DIE ERSTEN ERFAHRUNGEN IM „ECHTBETRIEB"

In diesem Zusammenhang wollen wir einmal die Frage stellen, auf welche Weise die ersten eigenen Jagderfahrungen gemacht werden sollen: Durch unbegleitetes „Learning by doing" oder mit der Hilfe von Jagdprofis?

ALLEINGELASSEN BRINGT NICHTS

„Der Wind steht gut, da hinten ist der Hochsitz. Hier ist der Kanzelschlüssel, die linke Fensterklappe ist kaputt, mach' nur vorne auf. Da zieht gegen sieben Uhr eine Ricke mit zwei Kitzen und meist auch ein Schmalreh aus dem Fichtenbestand auf die Wiese, ein Knopfbock wurde auch kürzlich bestätigt. Hinter der Hecke beginnt gleich das Nachbarrevier. Das Schmalreh und den Knopfbock hast du frei. Wenn was fällt, kurz anrufen, ich komme dann und helfe beim Bergen. Ansonsten hole ich dich um halb zehn wieder hier ab. Waidmannsheil!"

Toll, oder? Der erste Ansitzmorgen oder Abend völlig ungestört in „freier Wildbahn" kann kommen. – Wirklich toll? Oder ein riesiger Stress mit mächtigen Magenschmerzen, der einem das Jagen fast verleidet? Wer ohne jede jagdpraktische Vorbildung als frisch gebackener Jagdscheininhaber so ins Jägerleben geschubst wird, gerät häufig ins Grübeln. So gut es auch mit Jagdgelegenheit, Vertrauen und großzügiger Freigabe gemeint ist – was bringt das in dieser Form? Wir als Autoren meinen: eigentlich nichts, außer Aufregung und Angst vor Fehlern, die sich dann leider auch allzu oft einstellen! Ein völlig unerfahrener, aber kluger Jungjäger belässt es dabei, genießt den Anblick und das schöne Wetter in Mutter Natur und beendet pünktlich zur Abholzeit ohne Beute den Ansitz. Und sieht sich dann für seine ersten echten Morgen- oder Abendansitze mit dem Wunsch nach lehrreichen Erlegungserfahrungen nach einem passenden (verständnisvollen), jagderfahrenen Begleiter um.

MIT PROFIBEGLEITUNG STRESS-UND ANGSTFREI

Mit einem zugewandten und erfahrenen Begleiter läuft es dann deutlich anders und besser. Und das völlig ohne Stress und Ängste. Egal ob am Morgen oder am Abend, es beginnt mit der Erläuterung der Revierverhältnisse inklusive Grenzen vor Ort und mit der Revierkarte vor den Augen. Dann folgen die Einweisung in den störungsfreiesten Weg zur Kanzel, das gemeinsame Aufbaumen, die Besprechung der Windsituation und der zu erwartenden Wege und vermutlichen Anlaufzeiten des freigegebenen Wildes. Der Routinier gibt Hinweise zum Verhalten auf der Kanzel inklusive Kugelfang, zum Schussfeld und macht nach einem Übungsanschlag des Jungjägers Verbesserungsvorschläge zur Waffenhaltung. Er verweist auf den sicht- und einprägbaren Verlauf von Nachbarreviergrenzen und erläutert das richtige Verhalten, falls ein Stück nach dem Schuss doch noch flüchten sollte. Eine herrlich spannende erste Ansitzjagd mit hohem Lernpotenzial in bester jagdkameradschaftlicher Gesellschaft kann kommen. Wenn das als passend angesprochene Stück dann in Anblick und danach trotz großer Aufregung mit sauber angetragener Kugel zur Strecke kommt, hat ein glücklicher Jungjäger seine erste Bewährungsprobe bestanden. Und nimmt mit vielleicht zitternder Hand, weichen Knien und, nachdem er dem Stück die letzte Ehre erwiesen hat, einem mächtigen Kloß im Hals den ersten Erlegerbruch und das Waidmannsheil des meist ebenfalls ergriffenen Jagdbegleiters entgegen. Waidmannsdank!

TIPP

In Begleitung eines Routiniers „auf Beute auszugehen", verleiht nicht zuletzt in einem wichtigen Punkt sehr beruhigende Sicherheit: Geht der erste Schuss auf eine lebende Kreatur vielleicht schief, steht ein erfahrener Jäger mit zweiter schussbereiter Waffe zum Nachschuss oder auch zu einer Anschussuntersuchung unmittelbar zur Verfügung.

Auch die rote Arbeit fällt unter Anleitung eines erfahrenen Mitjägers deutlich leichter.

PROFIHILFE AUCH BEIM AUFBRECHEN

Es folgt noch ein zweiter aufregender Höhepunkt, die rote Arbeit. Das erste selbst erlegte Wild will schließlich möglichst zügig, gut und hygienisch einwandfrei versorgt werden. Der erfahrene Jagdbegleiter hilft auch dabei. Entweder mit Rat und Tipps, oder er packt mit an.

Wer danach als jetzt erstmalig erprobter Jungjäger seinem Begleiter ebenfalls Dank und Ehrerbietung zeigen will, der kann ihn – muss es aber nicht – fragen, ob er ihm zum Beispiel die besonders schmackhafte (unbeschädigte!) Leber überlassen darf. Wenn das erlegte Wild in der Kühlung hängt, kann/darf/soll gemeinsam gefeiert werden. Gerne auch in größerer Jägerrunde. Das sogenannte „Tottrinken" gilt der Ehrung des erlegten Wildes. Horrido und Waidmannsheil auf all deinen Wegen!

ANZEIGEN, REVIERVERMITTLER, JAGDFOREN

Wer weniger Geduld aufbringt, aber dafür keine finanziellen Einsätze scheut und teilweise auch weitere An- und Abreisen zur Jagd akzeptiert, der wird in den Anzeigenteilen der Jagdzeitschriften – dazu zählen auch die Mitgliedermagazine der Landesjagdverbände – sowie bei Reviervermittlern und Jagdforen im Internet fast immer fündig. Von der angebotenen Jagdreise im In- oder Ausland, dazu später mehr, bis zu Revierpachtübernahmen und Pachtausschreibungen ist dort bundesweit so gut

„STROHMÄNNER"

Immer wieder begegnet man den berühmten „Strohmann-Konstruktionen": Ein pachtfähiger Jäger unterschreibt den Vertrag, ein noch nicht pachtfähiger Jungjäger zahlt. Solche Verträge und damit in Zusammenhang stehende Vereinbarungen wurden von den Gerichten als „sittenwidrig" eingestuft, sind also nichtig! Kein Beteiligter muss sich an irgendetwas halten. Wird so ein Fall bekannt, kann das zum dauerhaften Verlust des Jagdscheins führen. Also: Auf jeden Fall Finger weg von solchen „Angeboten"!

wie jede Art von Jagdmöglichkeit im Angebot.
Revierpachten sind Jagdneulingen in den ersten drei Jahren nach frisch gelöstem Jahresjagdschein bekanntlich verwehrt. Zumindest offiziell, also ohne Trickserein.

ANGEBOTE SATT

Alles andere außer der Pacht geht: Drückjagd-Teilnahmen, Einzelabschüsse, Pirschbezirksvergaben sowie die hier mehrfach erwähnten entgeltlichen oder – gegen Unterstützung bei der Revierarbeit und/oder Wildbretübernahme – kostenlosen Begehungsscheine. Hier hängt der Jagdnovizen-Himmel bei entsprechendem finanziellen Einsatz, ausreichendem Zeitbudget und Reisebereitschaft voller lodengrüner Geigen. Das heißt, Jagdgelegenheiten sind vergleichsweise schnell und je nach wirtschaftlichen Möglichkeiten auch umfangreich und langfristig drin. Die Angebotsseite ist insbesondere zum Beginn des neuen Jagdjahres und am Anfang der herbstlichen Drückjagdsaison bestens bestückt.
Damit sich aus derartigen Angeboten auch reale Jagd machen lässt, ist wieder ein aktiver Dialog gefordert. Insbesondere bei auf Dauer angelegten Begehungsscheinen sind ein gegenseitiges Kennenlernen von Pächtern, Mitjägern und auch den Revierverhältnissen und örtlichen Gegebenheiten das „A und O".

CHIFFRE-ANZEIGEN

Auch heutzutage läuft das immer noch oft über ein förmliches Bewerbungsschreiben oder eine schriftliche Anfrage zu den in Jagdmagazinen als Chiffreanzeigen ausgelobten Jagdgelegenheiten. Viele Pächter

Zur Betreuung und zum Bejagen eines **Waldreviers** von 180 ha im Raum [redacted] passionierter Jäger mit ausreihend Zeit gesucht. Näheres im persönlichen Gespräch. Anfragen unter Chiffre 123654.

Raum [redacted]
Bist du ein jüngerer Jäger mit Ehrgeiz, Passion und Sitzfleisch, dann passt du zu uns. Wir bieten einen unentgeltlichen Begehungsschein in einem herrlichen Hochwildrevier. Erwartet werden Ehrlichkeit, Kameradschaftlichkeit, Mithilfe bei den anfallenden Revierarbeiten und regelmäßiges Ansitzen. Zuschriften unter Chiffre 666222.

Anonyme Chiffre-Anzeigen in Jagdmagazinen sind auch heute noch üblich.

und Besitzer bleiben ganz gerne anfangs anonym und unerkannt auf ihrem gut geschützten „Ansitz". Und prüfen erst mal in Ruhe und mit Sorgfalt, wer und was auf ihre Inserate in Anblick kommt.
Über soziale Netzwerke und Suchseiten hat man inzwischen anhand von Namen und Adressen schließlich schnell raus, mit wem man es als Interessent zu tun hat. Freizeitprofile, Familienverhältnisse sowie Themenpostings bei Facebook und Co. als erste Sozialverhaltensinfo sowie grober Bonitäts-Check bei Xing und LikedIn inklusive. Wer also als Jungjäger nach ein paar Anfragen ohne jeden Rücklauf bleibt, der sollte ruhig prüfen, ob er an der ein oder anderen Stelle etwas zu freigiebig oder seltsam mit seiner Selbstdarstellung unterwegs war oder ist.
Im positiven Fall kann es genau aber umgekehrt laufen: Die Einladung zum Kennen-

lernen folgt dann recht zügig. Sympathie, erkennbare jagdliche Passion und, wo entsprechend gefordert, nicht zuletzt finanzielle Ressourcen und angebotenes Zeitbudget entscheiden dann über die Erteilung des Begehungsscheines für die Jungjägerin oder den Jungjäger.
Letztlich muss jeder selbst entscheiden, ob er sich und seine Wünsche Unbekannten preisgeben will. Leider gibt es auch Revierinhaber, die nur ausloten wollen, wer sich denn als „Weihnachtsgans zum Ausnehmen" anbietet.

ONLINE UND AM TELEFON

Wenn die Kontaktaufnahme und Erstkommunikation nicht derart „Old School", sondern ganz modern über Reviervermittler sowie direkte Kontakte in Jagdforen online oder telefonisch läuft, geht es meist noch schneller. Zum Teil auch mit einer klaren Absage nach einem ersten Mailverkehr oder Telefonat ohne persönliches Kennenlernen, falls der angeschlagene Ton oder Ressourcenerwartungen nicht sofort passen. Was ja nicht schlimm sein muss: Man weiß wenigstens sofort, woran man ist und kann an anderer Stelle sein Glück versuchen.
Jagdneulinge sind jedenfalls gut beraten, auf Fragen zu ihrer jagdlichen Motivation und ihren Fähigkeiten, ihren handwerklichen und finanziellen Möglichkeiten sowie zum Zeiteinsatz für die Jagd gut vorbereitet zu sein und nicht lange überlegen zu müssen oder herumzudrucksen. Ehrlichkeit und Offenheit zahlen sich immer aus und bieten beiden Seiten Klarheit.

Telefonkontakte bringen oft rasch Klarheit – für die eine oder die andere Seite.

DRUM PRÜFE, WER SICH LÄNGER BINDET

Ein „Nein" ist übrigens keine Einbahnstraße. Nicht nur derjenige, der Jagdgelegenheiten vergibt, hat das Recht dazu. Jeder suchende Jagdanfänger sollte sich ebenfalls sehr genau überlegen, wofür er seine wertvolle Freizeit und sein gutes Geld bei der Jagd investiert. Die erste Gelegenheit ist längst nicht immer die beste. Auch wenn die Verlockung riesengroß ist, schnell zum vermeintlichen Erfolg zu kommen und möglichst ohne Limit jagen zu dürfen. Am besten schläft man nicht nur ein paar (!) Nächte über ein spannendes Angebot, sondern zieht in jedem Fall auch den eigenen Lebenspartner und – wo möglich und vorhanden – erfahrene Jäger zu Rate. Wenn es Unsicherheit gibt, lieber Finger weg. Vor allem bei Chiffre-Jagdofferten, die wie sauer Bier über viele Monate oder gar Jahre immer wieder im Anzeigenteil der Magazi-

DAMIT DIE JAGD NICHT ZUM STRESS WIRD

Aktive Jagdausübung kann ein Zeit- und Stressfaktor sein, insbesondere wenn es neben der Jagd noch andere Freizeitaktivitäten und „Hobbys" gibt. Und nicht selten entpuppt sich allzu passioniertes Jagen gar als Beziehungskiller.

Wer sich als Jungjäger bei seinen jagdlichen Aktivitäten übers Jahr auf ein paar gekaufte Ansitzwochenenden sowie wenige Drückjagdteilnahmen beschränkt, der hat solche „Probleme" nicht. Sie oder er ist dann bekennender Freizeitjäger mit klar definiertem Zeitbudget bei leider teilweise recht ungewissen Beuteaussichten – falls sein Jagen nicht in Form geplanter und geführter Auslandsjagd abläuft. Haken dran, das kann man so machen und es belastet zeitlich nicht über die Maßen.

Wer aber aktiver und dauerhaft ins Jagdgeschehen einsteigt und dazu für einen Pirschbezirk verantwortlich ist oder einen Begehungsschein hat, den bindet und fordert die Jagd. Denn die eigenen Erwartungen müssen mit den Interessen anderer, des Partners und der Familie, aber auch des Jagdherren und der Mitjäger, sowie dem Beruf in Einklang und unter ein zeitlich leistbares Dach gebracht werden. Gerade wenn Familie oder Lebenspartner kein oder gar ein negatives Verhältnis zur Jagd haben, sind Konflikte vorprogrammiert. Manchmal bis hin zur finalen Frage: „Was ist dir wichtiger: die Jagd oder ich?" Und auch Kollisionen mit dem Beruf schaffen gerade für junge und beruflich aufstrebende Jungjäger echte Zerreißproben. Weil z. B. neben dem Bock im frühen Mai auch die Examensprüfung ruft. Oder – viel schlimmer: Nachdem gerade der Pirschbezirk im ortsnahen Hochwildrevier angenommen wurde, flattert das erstklassig dotierte Angebot zu einem zweijährigen Auslandsaufenthalt in der neuen Konzernniederlassung in Übersee auf den Tisch.

Wer als leidenschaftlicher Jungjäger gerade in der ersten Euphorie mit der Jagd Großes vorhat, sollte sich also genau überlegen, ob das zu allen anderen Anforderungen seines Lebens passt. Und dann vielleicht am Anfang doch etwas „kleinere", besser planbare und damit trotzdem längst nicht schlechtere jagdliche Pläne schmieden und angehen.

ne auftauchen und „solvente Jungjäger" für „exzellente Hochwildreviere ohne Freigabelimit", aber mit extrem hohen Beständen an trophäenstarkem Rotwild ankirren. Da ist entweder sprichwörtlich „tote Hose" im seit Jahren leergeschossenen Revier oder man läuft mit einem Rudel schwer bewaffneter wilder Ballermänner ohne Jagdahnung, aber dafür dicker Brieftasche durch den Wald. So etwas braucht wirklich kein vernünftiger Jungjäger.

JAGDREISEN

Warum nicht bei Jagdreiseveranstaltern seine ersten Jagderfahrungen machen? Klar mag der ein oder andere Jungjäger bei dem Gedanken die Nase rümpfen: Wo bleibt das klassische Waidwerk, die Liebe zur und Pflege der Natur, die Ungewissheit des Beuteerfolges und so weiter? Gekaufte Abschüsse, Trophäengeilheit, „kill for cash". Ist das so? Oder besser: Muss das so sein?

Viele Jagdreiseveranstalter bieten auch Jagdgelegenheiten auf heimisches Wild. Und das natürlich auch Jungjägern.

DAS ANGEBOT IST GROSS ...

Eines ist jedenfalls sicher: Der Markt der qualifizierten Jagdreiseveranstalter ist nicht nur stabil, sondern wächst stetig. Und Jagdreisen führen außerdem nicht nur in die entlegenen Winkel der Welt, sondern bei einer ganzen Reihe von Veranstaltern direkt „vor die Haustür", zum Waidwerk auf heimisches sowie europäisches Wild. Egal ob dieses Waidwerk in der geführten Pirsch oder der von Profis organisierten und begleiteten Ansitzjagd auf starke Böcke, grobe Keiler oder edles Rotwild in exklusiven deutschen Revieren oder riesigen nord- und osteuropäischen Jagdrefugien besteht.

Egal ob zum Beispiel in Brandenburg, Mecklenburg-Vorpommern, Masuren, Ostungarn oder auch den schottischen Highlands – Jagdreiseveranstalter bieten für die Jagd auf fast jede Nieder- und Hochwildart je nach Geldbeutel und Zeiteinsatz großartige Jagderlebnisse in erprobten Revieren mit sicheren Beständen. Solche Möglichkeiten sind besonders interessant für Jungjäger, die sich jagdlich nicht binden und verpflichten wollen oder über ein nur begrenztes Zeitbudget verfügen.

... UND OFT IDEAL FÜR JUNGJÄGER

Eines ist auch klar: Bei Jagdreisen renommierter Veranstalter werden auch völlig unerfahrene Jungjäger nicht allein gelassen, sondern mit professioneller Unterstützung sehr sorgenfrei bei ihren ersten Jagderfahrungen begleitet und dem Beuteerfolg aktiv unterstützt. Gerade Jungjäger sind für die Veranstalter als potenzieller Zielgruppennachwuchs hochgeschätzte Kunden – na-

AUSLANDSJAGD

Jagd in fremden Ländern ist keinesfalls grundsätzlich abzulehnen. Der Trophäenkult gehört durchaus in vernünftige Bahnen gelenkt, aber der Jagdtourismus in oftmals arme Länder hat auch seine guten Seiten. Mit den Geldern können dort Naturschutzaufgaben wahrgenommen werden. Viele Nationalparks können nur dank der (hohen) Einnahmen durch den Jagdtourismus überleben. Und nicht zu vergessen: Überhöhte Wildtierpopulationen müssen gerade in Wildreservaten und Wildparks reduziert werden. Egal ob durch Wildhüter oder zahlende Jagdgäste aus dem Ausland.

türlich auch für künftiges Waidwerk in fernen Ländern und auf fremden Kontinenten. Keiner der bekannten deutschen Jagdreiseveranstalter wird also die Nase rümpfen oder pikiert den Hörer auflegen, wenn man sich als Jungjäger bei ihm nach „kleineren" Jagdgelegenheiten wie die auf Rehbock, Damhirsch oder Keiler erkundigt. Das erste erlegte Wild muss ja nicht gleich ein Rothirsch im Medaillenrang, ein kapitaler Elch oder ein mächtiger Braunbär sein.

BESONDERE TALENTE ODER BEGLEITUNG

Das vielleicht Beste in aller Kürze zum Schluss: Es gibt Jungjäger, die fast überall ganz schnell auch ohne dicke Brieftasche jagdlichen Anschluss finden und an eine perfekte Jagdgelegenheit gelangen. Sie müssen dazu nicht mal leitende Kreditsachbearbeiter der Hausbank des Kreisgruppenvorsitzenden oder der zuständige Steuerprüfer des größten lokalen Eigenjagdbesitzers sein. Ein gutes musikalisches Talent als vernünftig ausgebildeter Jagdhornbläser reicht oft schon. Ein Engagement in örtlichen Bläsergruppen bedeutete schon für manchen den Einstieg in die Jagdpraxis.
Noch besser ist aber ein perfekt ausgebildeter und gut geführter, also brauchbarer Jagdhund an der Seite des Jungjägers. Damit läuft es mit den Jagdeinladungen oft wie am Schnürchen. Und mancher kluge Jagdherr gibt Jungjägerinnen und Jungjägern mit solch einer erstklassigen caniden Referenz im Schlepp bei der Begehungsscheinvergabe ganz sicher den Vorzug vor jagdlich erfahrenen Grünröcken ohne Hund. Das ist dann wirklich „Win-Win": Ein gut ausgebildeter Jagdhund ist einerseits für Jungjäger ein perfekter Weggefährte und unersetzlicher Jagdbegleiter, und öffnet andererseits Reviertüren zu Jagdgelegenheiten, die vielen anderen auch nach Jahren noch verschlossen bleiben.
Wie war das doch noch? „Jagen ohne Hund ist Schund" …

Ein – gut veranlagter und ausgebildeter(!) – Jagdhund öffnet bisweilen schnell Tür und Tor …

ERFOLGREICH JAGEN

GRUNDSÄTZLICHES

Wer hat, der kann. Ist die begehrte Jagdgelegenheit gefunden, heißt es: rein ins Revier, es darf und soll erfolgreich gejagt werden. Damit das gelingt, sind ein paar grundsätzliche Punkte zu beachten, die hier beleuchtet werden sollen.

Was zu den Jagdarten im Folgenden leider auf wenige Seiten „jungjägertauglich" komprimiert werden muss, macht zum einen unendlich viele Jahre gelebter Jagderfahrungen von zig Jägergenerationen aus und füllt an anderer Stelle komplette Jagdbibliotheken. Wir bitten daher schon jetzt um Verständnis dafür, dass sich das unmöglich in nur einem kurzen Kapitel komplett abarbeiten lässt. Deshalb beschränken wir uns hier auf vier maßgebliche Jagdarten: Ansitz-, Pirsch- und einzelne Arten der Lockjagd sowie die Gesellschaftsjagden im Allgemeinen. Und ein paar essenzielle Punkte, die Jungjägern einerseits den Start dabei erleichtern, und zum anderen helfen, die gröbsten Fehler zu vermeiden.
Alles andere kann nur in der echten Praxis durch aktives Lernen und auch die Reflexion auf gemachte Fehler sowie – unheimlich wichtig – lehrreiche Unterstützung von erfahrenen Waidmännern folgen.

DREI TIPPS VORWEG

Jungjägern, die nicht nach der Devise „Versuch macht klug" handeln möchten und eine relativ oberflächliche und manchmal auch schmerzhafte Erweiterung ihres ganz eigenen jagdlichen Erfahrungshorizonts anstreben, empfehlen wir vorab drei Dinge:

1. Aufmerksam zuhören, was erfahrene Grünröcke raten und empfehlen;
2. eigene Aufzeichnungen in Form eines Jagdtagebuches machen;
3. eine kleine, aber feine Lernbibliothek anlegen, die zu Anfang neben ein bis zwei Büchern zur Wildansprache sowie zur Wald- und Feldjagd auch Titel über die erfolgreiche Bejagung der infrage kommenden Wildarten umfasst. Spannende Schlechtwetter- und Hochsitzlektüre, die, z. B. auf dem Ansitz mitgeführt, weitaus mehr bringt, als mit dem Smartphone permanent die letzten WhatsApp-Nachrichten abzufährten.

Was ist erhebender, als waidgerecht das erste Stück Wild zu erlegen?

GUT GERÜSTET FÜR ALLE JAGDARTEN

Beginnen wir mit ein paar grundsätzlichen Dingen, bevor es ins Revier zur Jagd geht. Wichtig ist nicht nur die Wahl der richtigen Waffe für das zu bejagende Wild, sondern auch das „Drum und Dran“. Allem voran die jahreszeitlich und witterungsabhängig ideale Bekleidung. Natürlich sollte von Hause aus alles „raschel- und knisterfrei“ sein, selbst für den vielleicht nur kurzen Pirschweg zum Ansitz. Aber Geräusche sind nicht alles, was einem den Jagdtag verderben kann, bevor es überhaupt losgeht: Der Lodenmantel oder die Funktionsjacke, die in der heimischen Flurgarderobe täglich Küchendüfte und Rauchschwaden aufsaugt und sich zudem der Nachbarschaft der Mäntel und Jacken anderer Familienmitglieder – insbesondere „lockstoffartig“ parfümierter Jacken von Teenietöchtern – erfreut, ist ebenfalls ein Erfolgskiller. Besser ist es also, seine Jagdbekleidung, insbesondere Jacken, Mäntel, Hüte und Mützen, separat aufzubewahren oder vor der Jagd – und natürlich auch danach – ordentlich zu lüften. Etwas mehr Kleidung „für alle Fälle“ im Auto zu haben, insbesondere je eine zusätzliche Jacke und die Jagdhose zum Wechseln, schadet auch nie.

Wer unnötigen Ballast zuhause lässt, hat bei Bedarf auch noch Platz für erlegtes Wild im Rucksack.

Der Anlass bestimmt den Rucksackinhalt! So wichtig es ist, schon als Jungjäger eine vernünftige und möglichst komplette Ausrüstung zu besitzen – längst nicht alles davon muss auf den nur mehrstündigen Ansitz, auf Pirschgänge oder Bewegungsjagden mit. Im Auto mit ins Revier vielleicht noch, aber sicher nicht zur eigentlichen Jagd. Hier ein paar Bestückungsvorschläge für Rucksack und Jackentaschen bei unterschiedlichen Jagdarten:

ANSITZJAGD

Ins kleine Jagdgepäck für den Ansitz gehören neben der oder den Feuerwaffe(n), einem feststehenden und einem Jagdtaschenmesser plus Schärfer noch: Gehörschutz, eine Taschenlampe und eine Stirnlampe, ein Erste-Hilfe-Set, kompakte Bergehilfen

TIPP

Wetten, dass neben dem Smartphone bei Jungjägern, vor allem jüngeren, fast immer auch ein Akkupack zum „Nachladen" eingepackt wird? Auch ziemlich überflüssiger Ballast, wenn man seine Ansitzzeit nicht mit Simsen, Mailen oder Whatsapp-Gedaddel verplempert und sich stattdessen auf das erlebnisreiche Unterhaltungsangebot der Natur konzentriert.

(ein fester Strick tut es auch), ein paar Zipper-Beutel, Vinyl- oder Latexhandschuhe, ein paar Meter Trassierband, ein Sitzkissen sowie eine Schießauflage und, falls gewünscht, etwas Verpflegung. Je nach Jahreszeit und Witterungslage kommen noch kompakte Ruf- und Lockjagdinstrumente oder zwei Taschenöfchen, Handschuhe plus eine Ansitzdecke dazu. Mütze, Kappe oder Hut ist ohnehin klar, genau wie die Jagdlegitimationen.
Gefütterte Handschuhe – gerne mit Schießfingerloch – sind im Winter ebenfalls ein Muss. Der Rest der Ausrüstung kann im nahe gelegenen Auto warten. Nicht ins Gepäck, sondern vor die Brust, gehört das stets griffbereite Fernglas.

PIRSCH

Hier gilt es besonders, so wenig wie möglich und nur zwingend Nötiges dabei zu haben. Aus dem Ausrüstungsbestand für die Ansitzjagd können somit das Sitzkissen und die Schießauflage genauso verschwinden wie Ansitzdecke und Taschenlampen. Eine Pirsch ist ja keine Nachtwanderung. Dafür darf die Bergehilfe hier gerne mehr bieten. Zum Beispiel einen Schultergurt oder ein Geschirr zusätzlich, falls auf größeres Schalenwild gejagt wird und das Auto weiter weg geparkt ist. Außerdem sollte ein Pirschstock für den sicheren Anschlag beim Schuss nicht fehlen. Wer es mag oder es braucht, nimmt sich noch ein Getränk mit. That's it!

BEWEGUNGSJAGD

Wieder ausgehend von der Ansitzausrüstung, kommt es hier entscheidend darauf an, ob man einen festen Ansitzplatz, einen Drückjagdbock oder einen Hochsitz zugewiesen bekommt oder ebenerdig angestellt wird. In letzterem Fall sollte ein Sitzstock oder eine ähnliche mobil-kompakte Sitzgelegenheit nicht fehlen und deshalb immer im Auto mitgenommen werden, Sitzkisten sowie Schießauflage sind dagegen verzichtbar. Die äußerste Bekleidungsschicht bil-

Einen Sitzstock ins Auto zu packen, macht bei einer Bewegungsjagd immer Sinn.

det natürlich immer die vorgeschriebene Warnbekleidung! In Abhängigkeit davon, ob zentral aufgebrochen wird oder jeder nach dem Ende des Drückens oder Treibens fürs Aufbrechen am Stand selbst verantwortlich ist, ist zu entscheiden, ob außer den Messern weitere Aufbrechhilfen mitgenommen werden. Überflüssig sind hier Taschenlampen im Gepäck, da ja nur bei Tageslicht gejagt wird. Wie viel Verpflegung außer einem kleinen Getränkebehältnis mit muss, ist jedem selbst überlassen. Oft wird man ja in einer Mittagspause schon hinreichend verköstigt ...

WAFFENTRANSPORT

Ein weiteres wichtiges Thema ist zweifelsohne der rechtlich einwandfreie Transport der Jagdwaffen. Und hier gilt: Es gibt nur zu wenig, aber niemals zu viel Umsicht und Vorsicht! Der Jäger darf im Rahmen der und auf dem Weg zur Jagdausübung, ins Revier oder zur Gesellschaftsjagd also, oder auch bei der Jagdhundausbildung, Waffen mit sich führen.

Sie müssen stets ungeladen, dürfen aber „zugriffsbereit" sein, streng genommen sogar offen auf dem Rücksitz liegen. Bei manchen Kontrollen musste der ein oder andere Jäger allerdings feststellen, dass nicht einmal die Polizeibeamten die Rechtslage genau kannten. Deshalb können wir nur empfehlen, mehr zu tun als vorgeschrieben, also so viel wie möglich.

Also Waffen und Munition getrennt, Erstere entladen im geschlossenen Futteral – am besten mit Vorhängeschlösschen –, d. h. eben nicht zugriffsbereit und weitgehend unsichtbar (auch später im Kofferraum oder Heckabteil des Autos) transportieren. So spannend es sein mag, dem Nachbarn zu zeigen, dass man als Jäger einen waffenrechtlichen Sonderstatus genießt, schlau ist das nicht. Wer weiß schon, ob es dem jetzt noch freundlichen, aber irgendwann mit Pech dann doch bösen Nachbarn nicht einfällt, die Polizei anzurufen, um mit Unterstützung von Smartphone-Beweisfotos mitzuteilen, dass eine Waffe deutlich sichtbar auf dem Autorücksitz deponiert wurde. Das kann eine zähe, langwierige juristische Angelegenheit werden, liebe Jungjäger!

Also Waffen erst im Revier oder vor der Fahrt zum Drückjagdstand wieder aus den verschlossenen Futteralen holen und natürlich erst bei der unmittelbaren Jagdausübung aufmunitionieren. Danach das Ganze bitte in umgekehrter Reihenfolge wiederholen, bis alles wieder sicher im Waffenschrank verstaut ist.

Im abschließbaren Futteral, also nicht „zugriffsbereit", ist die Waffe auf der Autofahrt bestens aufgehoben.

MIT DEM AUTO INS REVIER

Auch wenn selbst tiefergelegte Sportwagen inzwischen oft über Allradantrieb verfügen, gelände- und reviertauglich sind sie damit natürlich nicht. Es empfiehlt sich daher, für Revierfahrten in schwieriges Gelände ein taugliches Fahrzeug mit erhöhter Bodenfreiheit, mindestens Front-, besser noch Allradantrieb und natürlich ausreichend Stauraum verfügbar zu haben. Stauraum für die Ausrüstung plus Platz zur Bergung erlegten Wildes sowie, bei Transport eines Jagdhundes, eine sichere Hundebox. Natürlich tut es da ein zäher patinagereifter „Revierhobel“. Der dann aber bitte ohne quietschenden Keilriemen, knatternden Auspufftopf und leckende Ölleitung! Als Revierfahrzeug deutlich besser geeignet sind natürlich kompakte neuere Jagd-SUV mit großer Bodenfreiheit, kleinem Wendekreis und wenig Überhängen. Die wichtigsten Grundausrüstungen wie Trenngitter und vor allem eine Anhängerkupplung zur Aufnahme des Heckträgers sollten bereits verbaut sein. Wie z. B. bei den Jagd-Sondermodellen des Revier-Klassikers Suzuki Jimny.

An Bord des Wagens sollten sich Ausrüstungsgegenstände wie Wildwanne, Revierwerkzeug und Hilfsmaterial (Hammer, Nägel, Beil, eine Rolle Trassierband, Klappsäge, Panzerband, Seile, feste Abdeckplane, Handstrahler etc.) plus Aufbrechwerkzeug (Spreizer, Fleischerhaken, kleine Knochensäge, stabile Aufbrech- oder Gartenschere etc.) befinden. Gerne auch ein Zehn-Liter-Kanister mit Frischwasser oder alternativ genügend 1,5-Liter-Wasserflaschen aus dem Supermarkt, falls

Für die Jagd ist ein Allradgetriebener wahrlich nicht verkehrt …

die Wildkammer nicht in unmittelbarer Nähe liegt und im Revier aufgebrochen wird. Zum Ausspritzen des Wildkörpers ist eine einfache Gartenspritze praktisch. Auch eine am Fahrzeug verbaute Seilwinde oder Winsch ist natürlich klasse, aber sicher keine Pflicht.

LANGSAM UND WENIG FAHREN

Viel wichtiger ist es, wie man sich im Revier mit seinem Fahrzeug bewegt. Klar, so leise und unauffällig wie möglich! Also gerne einen Gang runter und im Schritttempo durch diesen Offroad-Parcours. Für Beunruhigung des Wildes sorgen außerdem nicht nur lautes Türenschlagen, sondern auch der praktische „Carport“ bzw. Parkplatz direkt unter der Kanzel oder am Pirschpfad.

Also bitte immer ausreichend Abstand und Sichtschutzdeckung bei der Parkplatzwahl im Gelände einplanen und einhalten. Selbst wenn es gerade einmal in Strömen gießt oder im Winter die Wege tief verschneit sind. Ein paar Schritte mehr zum Ansitz oder Pirschweg machen müde Jungjäger munter und liefern zudem häufig die besseren Anblick- und Beutechancen. Ebenfalls wichtig: Die Ausrüstung zur Jagd sollte spätestens bei der Einfahrt ins Revier komplett griffbereit liegen. Aufmunitioniert werden darf dort die Waffe aber nur, wenn es anschließend nur noch zu Fuß weitergeht (Sicherungen beachten).

TIPP

Die nächtliche „Gummipirsch" auf Sauen mit dem Auto – die Waffe liegt schussbereit auf dem Schoß oder Beifahrersitz und ein dicker Blendstrahler ist links vor der Frontscheibe montiert – gewöhnt man sich als Jungjäger besser gar nicht erst an! Solche Jagdprakiken sind strengstens verboten und außerdem im höchsten Maß unwaidmännisch! Wer dabei erwischt wird, muss zu Recht mit dem Entzug des Jagscheins rechnen.

STÖRENDES LICHT

An die Ausrüstung im Kofferraum oder Heckabteil von Kombis und SUV zu gelangen, sorgt bei modernen Fahrzeugen schon mal für Ärger: Es piepst und blinkt, wenn die Klappe geöffnet wird oder sich auf Knopfdruck von selbst öffnet. Gerade das Piepsen ist aber für das Wild ein erstklassiges Fluchtsignal! Genau wie aufgeblendetes Fernlicht bei der An- oder Abreise im Dunkeln. Ohne Licht geht es nicht, aber bei den meisten neueren Fahrzeugen bietet heute schon das Tagfahrlicht ausreichende Ausleuchtung der Fahrspur. Einfach ausprobieren.

Nur zur Kontrolle oder Reparatur, nicht aber beim Ansitz wird bis an den Hochsitz gefahren.

WIND UND WETTER

Bevor es losgeht, werden schon mal grob, spätestens im Revier dann aber ganz präzise, die Wind- und Wetterverhältnisse der kommenden Stunden geprüft. Für einen guten ersten Überblick gibt es inzwischen außer dem Wetterbericht in Radio und Fernsehen für wenige Euros ziemlich verlässliche Smartphone-Wetter- und Kompass-Apps. Die sichere Bestimmung der Windrichtung vor Ort fällt bei einer Feldjagd mit weiten offenen Flächen natürlich leichter als bei Ansitz oder Pirsch im Wald. Im Zweifelsfall tun es im Revier am besten Helferlein wie Seifenblasen („Pustefix") oder Talkumfläschchen. Wer die Wind-

Nach frischem Schneefall ist die Jagd für ein paar Tage wenig aussichtsreich, denn das Wild bewegt sich kaum.

richtung kennt, der weiß schnell, welche Kanzel oder welcher Pirschpfad am besten passt, um mit Augenwind erfolgreich jagen zu können.

WETTERREGELN

Was uns direkt zu ein paar grundlegenden Wahrheiten bringt, die in vielen Jagdbüchern nachzulesen sind. Die Klassiker lauten:

„Wenn der Wind jagt, soll der Jäger nicht jagen". Das bedeutet, bei länger andauernden Extremwetterlagen braucht man nicht rauszugehen.

„Wir jagen gegen den Wind und nicht mit dem Wind." – Warum das so ist, sollte ja klar sein. Die Windgeschwindigkeit und bei größeren Geländeerhebungen die windzugewandte Seite (Luv) und die windabgewandte Seite (Lee) zu beachten, ist wichtig.

„Feuchtwarmes Wetter ist Sauenwetter." – Stimmt.

„Rehe ziehen gerne nach einem Regen ins Feld." – Stimmt auch.

„Nach dem ersten Schnee sollte man ein bis zwei Tage warten, bevor man jagt." – Auch das hat seine Richtigkeit, denn bei dem ersten Schneefall nach längerer Zeit bewegt sich das Wild eine Zeitlang so gut wie nicht.

Es ist, das kann nicht oft genug betont werden, unverzichtbar wichtig, Wind und Wetter einschätzen zu können und als Verbündete auf seiner Seite zu haben, wenn man erfolgreich jagen will. Das unterschätzen Jungjäger gerne mal und wundern sich dann, wenn sie ohne Anblick geschweige denn Beute geknickt wieder das Revier verlassen. Und das muss ja nicht sein. Kommt aber sicher immer wieder einmal vor.

ANSITZJAGD

Von den Hauptjagdarten ist die Ansitzjagd bis heute die am weitesten verbreitete. Vor allem Jungjäger sammeln ihre ersten jagdpraktischen Erfahrungen überwiegend dabei. Der Ansitzjagd soll daher im Folgenden viel Raum gegeben werden.

Hochsitze haben Vorteile, die gerade Jungjäger zu schätzen wissen.

ANSITZEINRICHTUNG

Wer das Wild als Einzeljäger oder in Begleitung maximal einer weiteren Person erwarten will, der sitzt an. Wahlweise erhöht auf einer offenen Leiter, einem Ansitzbock, offenem Hochsitz oder geschlossener Kanzel. Oder alternativ dazu ebenerdig und meist allein auf einem mitgebrachten „Sitzmöbel" wie einem Sitzstock oder Dreibein beziehungsweise etwas komfortabler in einem getarnten Erdschirm als Reviereinrichtung.

VORTEILE DES HOCHSITZES

Gerade Jungjäger bevorzugen anfangs meist die besser geschützten erhöhten Ansitzmöglichkeiten Hochsitz oder Kanzel, bei denen man sich um die eigene Tarnung wenig Gedanken machen muss und einen guten Überblick hat, außerdem über eine sichere Gewehrauflage plus eine Ablage für Gegenstände verfügt. Vor allem aber ist von erhöhter Warte aus der zulässige Schussbereich besser einzuschätzen als von erdnahen Sitzen und meist besserer Kugelfang gegeben. Anfangs erhöhte Ansitzeinrichtungen zu wählen, ist deshalb richtig und gut! Vorausgesetzt, so eine Einrichtung ist nicht in allzu lichter Höhe verbaut und gut in Schuss, sprich nach UVV-Vorschriften auch gefahrlos jagdlich nutzbar.

UNSICHERE HOCHSITZE MEIDEN!

Wer einen Hochsitz als nicht sicher einstuft, der sollte nicht aufbaumen! Trotz (oder gerade wegen) Hinweisen von anderen Reviernutzern wie „der müsste bald mal gemacht werden, geht aber noch" oder „wenn du vorsichtig bist, bricht die leicht angefaulte vierte Sprosse auch nicht" etc. ...

Jeder Jungjäger ist bei der Jagd nicht nur für die Sicherheit anderer bei der Schussabgabe verantwortlich, sondern auch für die Eigensicherung. Und einen wackeligen Hochsitz als ungeeignet zu meiden, ist alles andere als „Feigheit" oder „Kneifen", sondern klug und richtig! Und schützt am Ende auch den verantwortlichen Revierbetreiber vor Regressansprüchen. Werden einem Jungjäger solche „Bretterbuden" zur Ansitzjagd angedient, sollte der sich ohnehin überlegen, ob er mit den Verantwortlichen überhaupt waidwerken will. Oder Initiative zeigen und das Problem handwerklich sauber selbst lösen – wenn er kann.

DEN ANWEG KENNEN!

Ein erfolgreicher Ansitz mit Anblick oder sogar Beute setzt neben der passenden Einrichtung und gutem Augenwind aber auch eine taugliche „Anreisezeit" deutlich vor dem Eintreffen des erhofften Wildes voraus. Und das heißt beim Morgenansitz in dem meisten Fällen schlicht: im Dunkeln. Wird man nicht zum Ansitz begleitet oder in der Nähe abgesetzt und eingewiesen, muss man sich rechtzeitig und ausgiebig mit den Revierverhältnissen und dem Ansitzort vertraut gemacht haben. Am besten Tage vorher.

Viele Hochsitze und Kanzeln stehen zwar ideal an Pässen, Wechseln, Äsungsflächen oder Wald-Feld-Grenzen, das meist aber verdeckt und nicht unmittelbar für andere Naturnutzer einsehbar. Mancher schlecht informierte oder unzulänglich eingewiesene Jungjäger hat da im Dunkeln, insbesondere in Waldjagden, schon ungewollte Pirschgänge nur wenige Meter rund um die herbeigesehnte Zielkanzel verbracht und sich wie Hänsel oder Gretel gefühlt, um am Ende entnervt die Taschenlampe anzuschalten und damit den Morgenansitz

Zwei Pfosten mit Querriegel können den Einstieg in den verdeckt angelegten Pirschweg oder Kanzelzuweg markieren. Die „Bauwerksgröße" richtet sich nach Bewuchs und mutmaßlicher Schneehöhe.

TIPP

„Über dem Wind sitzen" hört man gelegentlich von Jägern, gemeint ist der Ansitz in größerer Höhe, sodass die verräterische Wittrung des Jägers über das Wild hinweg streicht. Das würde aber erst bei Sitzhöhen über zehn Metern funktionieren. So hoch sitzt unter normalen jagdlichen Verhältnissen aber wohl niemand.

komplett zu verderben. Einzig jagdlich verwertbares Ergebnis: hörbar hochflüchtig abziehendes Wild. Vielleicht sogar tagelang vergrämt.

Jungjäger sind also gut beraten und auch selbst dafür verantwortlich, dass sie die Wege zu den für sie relevanten Ansitzeinrichtungen „wie im Schlaf" kennen, also auch im Dunkel eines Morgenansitzes finden. Und wissen, wie sie möglichst geräusch- und geruchslos auf- und abbaumen.

DER KÜHLSCHRANK BLEIBT ZU HAUSE

Essen und Trinken hält bekanntlich Leib und Seele zusammen. Ein guter Grund, auch bei der Jagd nicht mit knurrendem Magen und trockenem Mund durch den Wald und die Feldflur zu ziehen. Auf die passende Quantität und Qualität kommt es an: Für ein paar Ansitz- oder Pirschstunden muss nicht der halbe Kühlschrankinhalt, geschweige eine doppelte ofenwarme – und entsprechend „duftende" – Brathähnchen-Ration mitgeschleppt werden. Das ist überflüssiges Gewicht und ein Platzfresser im Jagdrucksack. Und es dehydriert auch niemand, wenn er für ein paar Stunden mit einer Halbliterflasche Wasser oder einer kleinen Thermoskanne Tee oder Kaffee im leichten Gepäck auskommen muss. Gerade bei Flüssigkeiten gilt: Was reichlich hineingetankt wird, will meist auch flott wieder raus. Merke: Weniger Verzehr ist bei der Jagd mehr! Und erspart den das

JAGD UND ALKOHOL

Achtung! Alkohol hat beim Führen von Schusswaffen, also auch auf der Jagd, inzwischen gar nichts mehr zu suchen. Das haben deutsche Gerichte mehr als deutlich gemacht. Es gelten 0,0 Promille! Ein Schnapspinnchen mit zwei Zentilitern Hochprozentigem zum Wohl und Waidmannsheil auf erfolgreiche Erleger mag bei einigen Gesellschaftsjagden in Aufbrechpausen noch eine geduldete brauchtumsgeschuldete Ausnahme vor dem abendlichen Schüsseltreiben sein. Mehr jedoch keinesfalls! Auch nicht als „Innenheizung" auf Hochsitz oder Kanzel beim stundenlangen eiskalten Winteransitz. Weiterer Alkoholgenuss findet bitte erst und nur dann statt, wenn die Waffen wieder sicher in Jagdhütte oder daheim verstaut sind. Dann dürfen die Beute totgetrunken und stolze Erleger mit Waidmannsheil und fröhlich geschmettertem Liedgut gefeiert werden. Wobei auch hier mit Blick auf die Uhr und das nächste Jagdgeschehen Überschlagsrechnungen angebracht sind, von wegen Restalkohol. Früher war halt auch bei der Jagd vieles anders. Ob in diesem Fall auch besser, sei dahingestellt …

Wild beunruhigenden „Not(durft)abstieg“ während des Ansitzes.

Ein paar Schokoriegel, Obstspalten oder Butterbrote, in geräuscharmes Zellophan oder Zipperbeutel (nicht etwa in knisternder Alufolie oder Tupperboxen mit knackenden Dichtverschlüssen) verpackt, tun es absolut. Plus einem halben Liter Trinkflüssigkeit ohne Zischgeräusche beim Öffnen des Behälters. Damit hält man gut und gerne drei bis fünf Stunden Ansitz oder Bewegungsjagd aus, ohne zu verhungern oder zu verdursten.

Möglichst geräuschloses Repetieren übt man – mit Übungspatronen – am besten zu Hause.

ANFÄNGERFEHLER

Hierzu zählen in der Reihenfolge ihres Auftretens:

1. Zu viel Licht beim Aufbaumen oder die Taschenlampe fällt auf der Leiter aus der Hand. Lösung: der kleine Lichtkegel einer Stirnlampe oder eine Taschenlampe mit Handschlaufe.
2. Vorhängeschloss mit Schlüssel zur Kanzeltüre fällt beim Hantieren nach unten. Lösung: Vorhängeschloss sofort in Außentasche von Jacke oder Mantel verstauen.
3. Rucksack auf Rücken passt nicht durch Kanzeltüre und macht Geräusche. Lösung: kleinerer Rucksack mit weniger „Ballast“ oder Rucksack an einem Riemen über der Schulter mit nach oben nehmen.
4. Waffe eckt beim Betreten von Hochsitz oder Kanzel laut am Türrahmen an oder rutscht beim Hineinreichen ab und fällt auf den Boden. Lösung: vor dem Morgenansitz im ungewohnten Dunkel schlicht und einfach mehrfach üben!
5. Geschlossene Fensterläden der Kanzel rutschen in der Aufregung aus der Hand und knallen zu. Lösung: vorher mehrfach üben.
6. Munition/Magazin fällt beim Laden auf den Boden. Lösung: Das Füllen des Magazins und Laden der Waffe zu Hause in dunklem engem Raum (wie z. B. einem Gäste-WC) mehrfach üben, bis alle Handgriffe perfekt sitzen! Zuhause geschieht das natürlich nur mit Puffer- oder Exerzierpatronen.
7. Kraftvolles lautes Durchrepetieren oder schwungvolles lautes Schließen der geladenen Kipplaufwaffe. Lösung: ganz langsam und leise repetieren und schließen. Am besten auch das zu Hause mit Pufferpatronen im abgedunkelten Zimmer üben.
8. Schießauflage, Schießbock oder Kissen fällt beim Auflegen der Waffe für den Probeanschlag aus dem Kanzelfenster oder vom Hochsitzrand. Lösung: Auch

das kann man vorher zu Hause auf einer schmalen (und von Dritten uneinsehbaren) Fensterbank wie dem Gartenhäuschen-Fenster oder im Revier (ebenfalls ohne Publikum) aus dem Autofenster oder Hochsitz heraus üben.

Nur wer jeden Handgriff, der ihn beim Ansitz erwartet, kennt und halbwegs sicher beherrscht, kann sich entspannt auf seiner Jagdeinrichtung zurücklehnen und bei zunehmendem oder schwindendem Licht frohen Mutes erwarten, was dort in Anblick kommen mag.

VERHALTENSREGELN

RICHTIG SITZEN ...

Apropos „zurücklehnen“: Das Fernglas vor den Augen in entspannter – zurückgelehnter – Sitzposition ist selbst in geschlossenen Kanzeln mit kleinen Fenstern der beste Garant für Anblick und vielleicht auch Beute. Unser Schalenwild, vor allem das Rotwild, wirft gerne einen prüfend sichernden Blick in Richtung Hochsitz oder Kanzel, wenn es anwechselt. Wer dann da gespannt wie ein Flitzebogen und gut eräugbar mit Fern-

Wie hingezaubert steht das Wild plötzlich da.

glas im Anschlag über die Brüstung hängt, den grüßen unversehens der Spiegel des Rehs oder der Bürzel der Sau mit misslaunigem Schrecken oder Gegrunze. Ein erfahrenes Stück Rotwild kann sogar unterscheiden, ob die Fenster einer Kanzel geöffnet oder geschlossen sind.

... UND SITZEN BLEIBEN

Und noch etwas: Wer sitzt, der bleibt. Bitte! Nichts gegen einen kleinen geordneten und zuvor abgestimmten Pirschgang nach Ende eines Morgenansitzes. Aber das unter Jungjägern besonders beliebte „Ansitzhopping", weil sich über Stunden nichts rührt und in Anblick kommt, geht gar nicht. Doch, geht schon, immerhin lernt man so an nur einem Morgen oder Abend innerhalb weniger Stunden gleich mal drei Sitze kennen, an denen nichts los ist. Und hält mit Pech das Revier auch gleich für seine Mitjäger vorübergehend wildfrei. Muss das sein?

Außerdem erleben wir vor allem im Sommer mit üppiger, weicher Vegetation am Boden immer wieder, dass ohne jede akustische Vorwarnung auf einmal Bock, Schmalreh oder Ricke mit Kitz, Fuchs sowieso, auf der Bühne erscheinen. Unverhofft kommt auch beim Ansitz oft – und längst nicht immer zur von uns gewünschten Zeit, also am liebsten innerhalb der ersten anderthalb Stunden nach dem Aufbaumen.

Oft genug läuft es noch völlig anders: Der Ansitz verläuft ohne Anblick, der Hintern beginnt zu schmerzen und es geht vorzeitig ans Abrücken. Also alles in den Rucksack – Fernglas jetzt auch (warum eigentlich, wenn es gar nicht stockduster ist?) und Waffe entladen. Und genau dann tut sich was! Erst nur ein kaum vernehmbares Knacken oder Schnauben und ruckzuck füllt sich die Bühne. Anblick satt! Jetzt wird mit flatternden Fingern wieder ausgepackt. Bis in der Hektik was klappert oder runterfällt. Muss nicht sein, oder? In der Ruhe und Geduld liegt der Erfolg bei der Ansitzjagd – vom ersten bis zum letzten Moment.

NICHT ALLEIN IM REVIER

In zahlreichen Revieren sind gerade an Wochenenden mehrere Jäger aktiv. Es ist daher, vor allem aus Sicherheitsgründen, unverzichtbar, dass jeder vom anderen möglichst genau um die Ansitzzeiten und natürlich auch Ansitzorte weiß. Und sich nicht nur anmeldet, wenn er ins Revier zu seinem festgelegten Platz kommt, sondern auch abmeldet, wenn er wieder abreist. Wenn nichts gelaufen ist und man als Jungjäger schon mal leicht frustriert den Ansitz verlässt, wird das Abmelden gerne

TIPP

Sind zur Dämmerungs-oder Nachtzeit auch andere Jäger im Revier auf dem Ansitz, darf man sich im Revier nur mit einer kleinen Taschenlampe, nicht mit einem Suchscheinwerfer bewegen. Mancher Jagdunfall hätte vermieden werden können, wäre dieser Rat beachtet worden. Wird an befahrbaren Wegen im Revier angesessen, ist es auch eine absolute Selbstverständlichkeit, erst dann an den Ansitzplätzen seiner Mitjäger vorbeizufahren, wenn diese ihren Ansitz beendet haben.

vergessen. Kein Anblick, keine Beute, also ungeordneter Rückzug. Gerne noch ergänzt durch ein paar flotte Pirschschleifen durch den Revierteil – irgendwo muss das Wild ja schließlich stecken.
Das ist lebensgefährlich! Jeder Jäger im Revier muss sich darauf verlassen können, nicht plötzlich einen Waidgenossen statt des erwarteten Wildes vor Büchse oder Flinte zu haben. Deshalb bitte immer stille Kommunikation mit allen Jagdbeteiligten im Revier, wenn Standorte verändert werden. Insbesondere eben, wenn man – immer möglichst weit entfernt von anderen Mitjägern, um deren Jagderfolg nicht zu gefährden – noch etwas pirschen möchte.

VOR DEM SCHUSS

Wer Geduld und Sitzfleisch hat, der wird oft auch dafür belohnt. Mindestens mit ein paar kostenlosen und ungestörten Stunden die Sinne schärfender oder Kopf frei machender Ruhe in der Natur. Auch das ist Jagd, insbesondere beim Ansitz.
Schöner ist es jedoch, gerade für anfangs noch etwas weniger abgeklärte Jungjäger, wenn die Tierwelt, am liebsten natürlich „beutefähiges" Wild, in Anblick kommt. Dann heißt es aber erst recht Ruhe bewahren! Und das Gelernte umsetzen. Vor allem das richtige Ansprechen des freigegebenen Wildes.

ANSPRECHEN

Zum Ansprechen gehört zum einen die Altersansprache und vor allem beim weiblichen Schalenwild – aber natürlich auch bei vielen anderen Wildarten – die Schicksalsfrage für Jagdanfänger: Ist das Stück führend oder nicht? Wer hier Fehler macht, der jagt nicht nur sehr kurze Zeit, sondern steht danach auch mit mindestens einem Bein vor Gericht. Also Finger gerade lassen, wenn nicht zu 100 Prozent klar ist, was man da als weibliches Stück Wild vor der Büchse hat.
Wenn ein zu junger oder etwas zu starker Bock auf der Decke liegt, wird das vielen Jungjägern noch als Unerfahrenheit oder Aufgeregtheit verziehen. Eine führende Überläuferbache mit angezogenen Zitzen oder eine Ricke, aus deren deutlich sichtbarer Spinne nach dem Schuss auf Druck noch Milch austritt, sicher nicht! Da geht es jagdrechtlich ans Eingemachte und zudem dem Jungjäger wie den gestandenen Waidmännern ans Gemüt!
Zumal zurückgebliebene unreife Kitze, Kälber, Frischlinge, Welpen usw. häufig elendig eingehen oder im nur geringfügig besseren Fall kümmern und im Fall der Schwarzwildjugend entwicklungsabhängig ohne die Orientierung der Mutter zu Schaden gehen. Das verzeiht man sich sehr lange nicht – und das ist gut so! So oder so, wenn das Jungtier im Rahmen des Zulässigen nicht vor dem Muttertier erlegt werden kann, darf nicht geschossen werden. Eine falsche Altersansprache kann aber auch für gehörigen Ärger sorgen. Es gibt zahlreiche Möglichkeiten für Jungjäger, sie erst in Ruhe zu lernen und zu üben, lange bevor es ins Revier geht. Aber auch dort – nur bitte nicht mit der entsicherten Waffe im „Probeanschlag", sondern entspannt und aufmerksam mit dem Fernglas vor den Augen. Erst wenn alles wirklich passt, also das Schussfeld auch frei und vernünftiger Kugelfang gegeben ist, darf einem Stück die Kugel angetragen werden.

Aufs Blatt zugestanden, lässt er nur wenig Zeit für die Entscheidung: Wie alt und passt er?

KUGELFANG

Womit wir bei einem weiteren ausgesprochen wichtigen Thema wären – dem Kugelfang. Von Jungjägern wird er leider nicht allzu selten unterschätzt. Die Autoren empfehlen jedem Jungjäger dringend, vor der ersten Jagdausübung, insbesondere mit Kugelschuss, ein Nachsuchenseminar zu belegen. Dort erfährt man ebenso schnell wie lehrreich nicht nur viel über die Schusszeichen, die Anschussuntersuchung und das Finden der Pirschzeichen beschossenen Wildes. Man sieht und verinnerlicht auch, welche verheerende Wirkung und Energie gerade in Abprallern oder glatten Durchschüssen steckt. Wer sich nicht absolut sicher ist, dass er ausreichenden Kugelfang ausschließlich in Form gewachsenen

Sicherheitsfaktor Kugelfang: In hügeligem und bergigem Gelände ist er meist eher gegeben als in flachen Lagen.

Bodens hinter dem anvisierten Stück hat und ob der Schusswinkel passt, der darf nicht schießen! Das hat nichts mit „kann" zu tun.

EXKURS KUGELSCHUSS UND GEFÄHRDUNG

Ein Büchsenprojektil ist mit bis zu 1.000 Metern pro Sekunde unterwegs und bleibt eben sehr selten im gestreckten Stück stecken. Soll es auch nicht, denn Jagdgeschosse müssen Ausschuss liefern und sind entsprechend konstruiert. Sie deformieren sich im Wildkörper je nach Trefferlage zum Teil und splittern je nach Konstruktion dort auch auf. Ein Restkern und eine Reihe weiterer Geschossteilchen durchschlagen aber häufig noch den Wildkörper. Sie können extrem viel Unheil anrichten, wenn sie nicht vom weichen Boden aufgefangen werden, sondern auf steinigem oder gefrorenem Untergrund oder an Bäumen abprallen.

Entscheidend kommt es auch noch auf den Schusswinkel bei der Schussabgabe an! Über den tauglichen Sicherheitsbereich beim Büchsenschuss entscheiden neben der Qualität des Kugelfangs vier weitere Faktoren:

1. Der Standort des Schützen, also seine Höhe bei der Schussabgabe;
2. natürlich die Schussentfernung;
3. die Größe des Wildes und
4. der Schusswinkel.

Also nichts für „Pi mal Daumen"-Schnellschüsse, sondern Grund zu absoluter Besonnenheit! Und vielleicht auch einen Entfernungsmesser im Gepäck, wenn man Entfernungen zu markanten Punkten wie einer Salzlecke bzw. einem auffälligen Baum nicht vorher bereits selbst abgeschritten oder mitgeteilt bekommen hat.

DER FINGER DARF AUCH GERADE BLEIBEN

Wer sich der Regeln korrekten Ansprechens bewusst ist und sich vollständige Klarheit über das zulässige Schussfeld mit vernünftigem Kugelfang verschafft hat, der darf auf dem Ansitz voller jagdlicher Passion dem Anblick seiner Beute entgegensehen. Sie oder er sollte sich ruhig bewusst

SCHUSSWINKEL UND RESTGEWICHT

Jeder Jäger sollte sich neuere Untersuchungsergebnisse der DEVA verdeutlichen: Erst ein Winkel ab mindestens 10 Grad zwischen Geschoss und Erdboden bietet die nötige Sicherheit. Um diesen Winkel nicht zu unterschreiten, kann aus z. B. sechs Metern Höhe auf einen ebenerdig breit stehenden Wildkörper nur bis zu einer Entfernung von gerade mal etwas über 34 Metern sicher geschossen werden!

Die Gefährdung des Hintergeländes beim Schuss ist mit der zunehmend vorgeschriebenen Verwendung bleifreier Büchsengeschosse noch größer geworden. Die Bleifreien sind überwiegend ja reine Deformationsgeschosse, verlieren definitionsgemäß als maximal zehn Prozent des Eigengewichtes im Ziel. Bei Verwendung eines Zehn-Gramm-Geschosses treten also neun Gramm auf der Ausschussseite wieder aus!

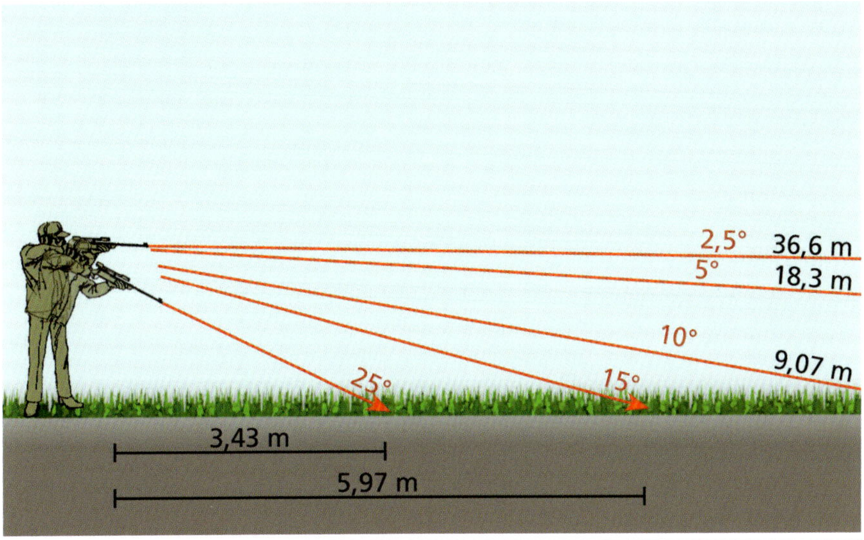

Achtung bei Schussabgabe, insbesondere vom Boden aus: Laut DEVA ergeben sich ernste Probleme mit dem Kugelfang, wenn der Schusswinkel nicht mindestens zehn Grad beträgt.

machen: Es kann ein Stück erlegt werden, muss aber nicht! Schießen ist kein Selbstzweck und Beutemachen keine Pflicht – wir verfügen alle auch so über ausreichend Nahrung.

Allein der Respekt vor dem Leben des Wildes gebietet es also, sehr genau abzuwägen, ob die Kugel den Lauf verlassen soll oder der Finger gerade bleibt. Letzteres sollte gerade bei ungeübten Jungjägern immer dann geschehen, wenn die Bedingungen zur erfolgreichen Erlegung nicht optimal sind. Entweder, und das passiert sehr häufig, weil einen das Jagdfieber gepackt hat und deshalb an eine sichere Schussabgabe mit ruhiger Hand nicht zu denken ist. Oder weil das ins Visier genommene Stück zu schnell zieht bzw. nicht ausreichend breit steht.

Ein völliger Fehlschuss ins Erdreich ist sicher noch leicht verschmerzbar. Ein nicht tödlicher Treffer mit der Folge eines langen schmerzhaften Leidens für die Kreatur ist es nicht. Dann lieber Waffe runter, sichern und tief durchatmen. Es gibt schließlich noch ein Jägerleben lang ausreichend weitere Gelegenheiten, um erfolgreich Beute zu machen.

TIPP

Wir brauchen besonnenen Jungjäger-Nachwuchs, der sich seiner Verantwortung für das Wild und dessen waidgerechte Erlegung bewusst ist. Irgendwelche „Hauruck-Aktionen", weil man das erste Stück strecken zu müssen glaubt, um als „richtiger Jäger" anerkannt zu werden, sind völliger Unsinn. Schussgeile Draufgänger, denen egal ist, was sie mit ihrem Schuss bewirken, sind auf der Jagd fehl am Platz!

VERHALTEN NACH DEM SCHUSS

Wer sich dessen bewusst ist, der kann sich umso mehr darauf freuen, was nun folgt. Jagd ist schließlich eine Passion mit gewollter Belohnung in Form der Jagdbeute. Wenn alles passt, heißt es nun, sich für den anstrengend aufregenden Ansitz durch einen gezielten Treffer mit der Jagdbeute zu belohnen. Der Schuss bricht, die Kugel fliegt, das Stück zeichnet, sackt zusammen und – liegt „im Knall". Bei der Schussabgabe wurde durchs Feuer geblickt und erstklassig abgekommen.
Tausend Gedanken gehen Jungjägern in dieser Situation durch den Kopf, insbesondere wenn die Läufe von Schalenwild nach einem Kammerschuss noch schlegeln und der letzte Rest Leben aus dem Wildkörper entweicht. Nun aber erst recht einen kühlen Kopf bewahren oder wieder bekommen.

INBESITZNAHME

Selbst wenn man sich zu 100 Prozent sicher ist, ins Leben getroffen zu haben, wird trotzdem noch so lange im Anschlag mit dem Absehen auf dem Stück geblieben – insbesondere bei starkem Schalenwild –, und gewartet, bis völlige Ruhe eingekehrt ist und sich das Wild definitiv nicht mehr rührt, sein Haupt also nicht mehr erhoben und keine Atmung mehr zu erkennen ist. Manchmal ist man dann doch zu hoch abgekommen und der vermeintliche Blattschuss entpuppt sich als Krellschuss – das schlagartig zusammengebrochene Wild wird nach einigen Sekunden wieder hoch und flüchtet.
Ist das Stück aber definitiv verendet, heißt es Sicherheit herstellen, bevor es zur Inbesitznahme der Beute geht. Gerade nach der ersten unbegleiteten Erlegung durch Jungjäger ohne jegliche Jagderfahrung ist absolute Konzentration jetzt das Gebot der Stunde. Am besten bei den ersten gestreckten Stücken Wild die Waffe komplett entladen, bevor abgebaumt wird, um die Beute aufzusuchen. Dort angekommen, ist und bleibt es gute Tradition, an der gestreckten Kreatur innezuhalten und einem erlegten Stück Schalenwild danach mit dem letzten Bissen die Ehre zu erweisen, bevor man sich selbst mit dem Erlegerbruch schmückt.

WENN DAS STÜCK NICHT LIEGT

Sollten Schussabgabe und Treffer jedoch nicht so eindeutig verlaufen sein – was in jedem Jägerleben und längst nicht nur dem des Jungjägers häufig vorkommt – und das Stück Schalenwild zwar zeichnen, aber doch flüchten, ist umso mehr höchste Konzentration gefordert. In Sekundenbruchteilen muss entschieden werden, wie es weitergeht. Wer vorher im Schießkino intensiv das Flüchtigschießen geübt hat, ist jetzt im Vorteil. Er ist mit dem Absehen auf dem

TIPP

Beim Schießen in der Dämmerung oder Nacht ist der Schütze meist vom Mündungsfeuer geblendet, kann also weder das Zeichnen des Wildes noch die Fluchtrichtung eindeutig feststellen. Für einen ggf. später hinzugezogenen Nachsuchenführer ist nichts schlechter als Mutmaßungen und falsche Angaben. Also bitte keine Märchen erzählen! Besser ist zu sagen: Ich weiß leider nichts!

Geht das Stück auf den Schuss hin ab, heißt es Ruhe bewahren.

Wildkörper geblieben, hat fast automatisch durchrepetiert oder den zweiten Kugelabzug gewählt und kann daher bei sicherem Kugelfang eine zweite Kugel antragen, die das Stück an den Platz bannt. Wer das nicht beherrscht, muss zumindest im Abkommen oder bei abgesetzter Waffe mit bloßem Auge verfolgen, wo und in welchem Zustand das Stück das Sichtfeld verlässt und sich dabei sowohl den Anschussort wie auch die Fluchtstrecke gut merken. Leichter gesagt als getan, aber spätestens beim dritten solchen Erlebnis möglich. Dann heißt es Sicherheit herstellen und nachdenken – rekapitulieren: Wo bin ich abgekommen, wie hat das Wild am Anschuss und auf seiner Fluchtstrecke gezeichnet, wo ist es im Bestand oder der Feldflur von der Bildfläche verschwunden? Hektik, Angst oder gar Panik sind jetzt völlig deplatziert und extrem riskant. Wache Sinne sind gefragt. Bloß nicht kopflos die noch durchgeladene und in dem Stress mit Pech sogar ungesicherte Waffe schultern, abbaumen und Richtung vermutetem Anschuss laufen. Das ist brandgefährlich, macht fast alles zunichte und müdet zudem das angeschossene Wild eventuell wieder unnötig auf. Sitzen bleiben, nachdenken und den Ablauf auf der geistigen Festplatte speichern, einbrennen, konservieren.

ANSCHUSSUNTERSUCHUNG

Jungjäger, die sich zuvor die paar Stunden Zusatzausbildung auf einem Nachsuchenseminar genommen haben – solche Seminare werden in fast jeder ortsnahen Jägerschaft oder auch von Jagdzeitschriften häufig angeboten –, wissen spätestens jetzt, wie gut investiert diese Zeit war. Sie können die Schusszeichen des Wildes deuten

Blasiger Lungenschweiß. Das Stück sollte liegen.

Panseninhalt am Anschuss. Hier muss der Profi her!

und sind in der Lage, nach einer angemessenen Wartezeit den Anschuss selbst zu finden oder zumindest einen hinzugerufenen erfahrenen Jäger vom Ansitz aus erfolgreich in ihn einweisen. Und im ersten Fall Pirschzeichen zu entdecken und richtig zu deuten. Nichts wird vergessen, der Anschuss nicht vertrampelt und das Stück bei deutlichen Hinweisen auf einen tödlichen Treffer (Lungenschweiß) oft dann doch recht bald gefunden. Wild, das nicht allzu schusshart ist, liegt häufig nach kurzer Flucht.
Nicht nur grobe Keiler, sondern schon mittlere Überläufer sind übrigens ziemlich schusshart und zeichnen selbst bei Kammertreffern nicht immer, sondern flüchten einfach vermeintlich gefehlt weiter. Bei Knochen- und Nierentreffern machen sie allerdings ihrem Schmerz so lautstark Luft, dass es einem in die Glieder fährt. Aber auch beim Rehwild bedeutet selbst ein Kammertreffer längst nicht immer, dass das Stück im Knall liegt.

VERENDET ODER NICHT? ANGEHEN EINES STÜCKS

Bestehen auch nur die leistesten Zweifel, dass ein liegendes Stück wirklich verendet ist, muss es mit der Schusswaffe angegangen werden. Das gilt natürlich auch für den Fall, dass ein krankes Stück in Sichtweite ins Wundbett gegangen ist. Dies geschieht immer gegen den Wind unter strenger Beachtung des Hintergeländes so, dass ggf. sicherer Kugelfang vorhanden ist. Steht das vermeintlich tote Stück nämlich doch wieder auf, muss ohne Zögern nachgeschossen werden können. Da auf dem Ansitz in der Regel wohl ein stärker vergrößerndes Zielfernrohr auf der Waffe sitzt, wird es vorher von der Waffe genommen. Wohl dem, der auch den Schuss über Kimme und Korn ausreichend geübt hat …

KRANKSCHUSS

Deuten die gefundenen Pirschzeichen allerdings auf einen Krankschuss mit längerer Flucht hin, ist für Jungjäger ohne jagdliche Vorbildung, und/oder in der Schweißarbeit wirklich firmem Jagdhund, fast immer fremde Hilfe nötig. Gerade Rehwild verendet nach einem Schuss mit der großen Kugel auch bei nicht sofort tödlichen inneren Verletzungen oft im Wundbett. Dazu muss ihm genug Zeit gegeben werden.
Wie lange Schalenwild nach der langjähri-

TREFFERSITZ UND LEBENSERWARTUNG VON ROT-UND SCHWARZWILD*

Kammerschuss	bis zu 4 Std.
Pansen-/Weidsackschuss	bis zu 72 Std.
Leberschuss	bis zu 48 Std.

* Bei Rehwild ist von jeweils etwa halb so langen Zeiten auszugehen.

gen Praxiserfahrung des Verfassers Wildmeister (DJV) Siegfried Seibt überlebt (und leidet!), gibt die Tabelle oben wieder. In Abhängigkeit vom verwendeten Geschoss, Kaliber, etwa zusätzlich verletzten Organen und Wetter kann es zu Abweichungen nach oben und unten kommen. Kaltes, nicht zu frostiges Wetter verlängert die Leidenszeit. Als Jungjäger auf eigene Faust, ohne brauchbaren Hund und ohne jede Ahnung eigenmächtig zur Nachsuche auszurücken, ist nicht nur deshalb absolut unverantwortlich. Und führt neben dem möglichen Verlust des Wildes auch meist und völlig zu Recht zu Ärger mit dem Jagdeigentümer oder Pächter.
Lassen die Pirschzeichen am Anschuss keine eindeutigen Schlüsse über Verletzungsart und -grad zu, ist erst mal Schluss! Jetzt muss ein Nachsuchenführer verständigt und dessen Eintreffen abgewartet werden. Wer jetzt auf eigene Faust „rumfummelt", verschleppt und zerstört die für die Profis wichtigen Pirschzeichen und erschwert die anstehende Nachsuche fahrlässig.
Wenn es nicht zu 100 Prozent gepasst hat, ist jeder Jäger immer in der Verantwortung für die beschossene Kreatur, egal wo und wie gejagt wird. Aus Scham oder Feigheit einen schlechten Treffer zum Fehlschuss zu erklären und die Kreatur elendig verenden zu lassen, ist nicht nur eine Charakterschwäche, sondern ein Verbrechen. Ganz gleich, ob es um einen Jungfuchs oder einen kapitalen Geweihten geht. Deshalb wird immer auch bei vermeintlichen Fehlschüssen – wenn auch nur ein letzter Zweifel besteht – der mögliche Anschuss auf

TIPP

Hat sich Wild in Sichtweite niedergetan und hält das Haupt oben, ist es nicht tödlich verletzt. Natürlich müssen auch Jungjäger das Leiden dieser Kreatur unverzüglich beenden. Und das muss so geschehen, dass das Stück dabei möglichst wenig Aufregung erfährt. Ein sicherer Fangschuss wird mit der Kugel möglichst gleich vom Hochsitz aus angetragen, ansonsten mit der Langwaffe nach vorherigem Angehen des Stücks. Die Kurzwaffe, die auf Entfernungen über 10 bis 15 Meter wegen ihrer mangelhaften Wirkung ohnehin ausscheidet, ist da fehl am Platz!

Pirschzeichen überprüft. Am besten in Begleitung und unterstützt von einem erfahrenen Jäger. Der kann dann entscheiden, ob eine Nachsuche notwendig ist.

IN SICHTWEITE JENSEITS DER GRENZE

Und noch etwas: Reviergrenzen sind dazu da, eingehalten zu werden. Selbst wenn das Wild nach einem guten Treffer bestens sichtbar und quasi zum Greifen nah nur ein paar Meter im Nachbarrevier liegt. Wer weiß denn schon, ob der Reviernachbar zufällig nicht auch unterwegs ist und nach einem Schuss von seiner Seite aus mal kurz nach dem Rechten an der Grenze sieht. Oder Tage später durch seinen Hund zur grenzübertretenden Schweiß- und Schleifspur geführt wird. Also sich über etwaige Wildfolgevereinbarungen informieren und erst nach entsprechender Abstimmung mit dem Jagdherrn und Revierinhaber über das weitere Vorgehen agieren. Gerade Jungjäger sind da schon mal etwas unbedarft oder wollen einfach ihre – vermeintliche – Beute in Besitz nehmen. Das geht so nicht!

JAGDFIEBER

Jagdfieber kann jeder bekommen, vor, während oder nach der Schussabgabe. Der Puls ist oben, die Schläfen pochen, der Adrenalinpegel am Anschlag – bis hin zu nassen zittrigen Händen. Die Urinstinkte melden sich, insbesondere kurz vor dem Schuss: Flucht oder Angriff? So etwas ist weder Schande noch Makel, manche Jäger begleitet eine gewisse Aufregung vor oder nach dem Schuss ein Leben lang. Entscheidend ist die Intensität des Jagdfiebers. Wie mit starkem umgegangen wird, wie man seine Aufregung – vor allem vor und während der Schussabgabe – in den Griff bekommt, soll im Folgenden beleuchtet werden.

VORBEREITUNG UND ÜBUNG VERLEIHEN SICHERHEIT

Die Punkte, die für Aufregung beim Anblick des Wildes sorgen, sind erfahrungsgemäß die Frage der Sicherheit (Kugelfang), das korrekte Ansprechen und, als finaler Akt, der Schuss auf das lebende Tier.
Die nötige Ruhe in puncto Sicherheit kann nur größte Vertrautheit mit den örtlichen Gegebenheiten vor der Schussabgabe verleihen. Den Schussbereich mit sicherem Kugelfang und die maximal mögliche Schussentfernung am Ort des jagdlichen Geschehens verinnerlicht zu haben, ist da extrem wichtig und verschafft diese Ruhe. Ein paar Probeanschläge, mit der Einstellung der richtigen Zielfernrohrvergrößerung auf ein Probeziel im gewünschten Schussfeld, bringen zusätzliche Entspannung ins Geschehen. Und vor allem natürlich eine sichere Beherrschung der eigenen Waffe, die auf Schießstand oder im Schießkino häufig und intensiv geübt werden muss. Gerade auch mit ihrem Abzugsverhalten muss man vertraut sein. Moderne Repetierbüchsen haben nicht mehr Stecher, sondern Direktabzüge mit Abzugsgewichten deutlich unter zwei Kilogramm. Bei ihnen hat man schnell „im Blut", wann genau der Schuss bricht.
Um sich im richtigen Ansprechen weit vor der eigentlichen Jagd beherrschbar zu schulen, helfen beispielsweise Ansprechübungen in Themenseminaren, passende Buchratgeber und Themenvideos oder besser

noch eigene Übungen mit dem Fernglas am lebenden Objekt – als Jagdbegleiter oder bei Spaziergängen, auch in Wildparks, mit heimischen Wildtieren.

DEN PROFI NEBENDRAN

Am besten ist es natürlich immer, insbesondere bei den ersten zwei, drei Schüssen auf Wild, von einem erfahrenen Mitjäger begleitet zu werden. Der beim Einrichten auf dem Ansitz und dem richtigen Ansprechen des Wildes ebenso hilft wie mit der erlösenden Aufforderung: „Passt alles, lass fliegen." Oder einem stattdessen beruhigend die Hand auf den flatterigen Schussarm legt und die Erlegung so noch einmal vertagt, bis es wirklich geht. Schadet ja nichts, die Kreatur bekommt schließlich gar nicht mit, dass sie schon fast Beute war, aber aus Gründen der Waidgerechtigkeit keinem Experiment mit unsicherer Trefferlage ausgesetzt wurde.

PROBEANSCHLAG OHNE ERFOLGSZWANG

Wer die ersten Jagdsituationen mit Jagdfieber ohne derartige Unterstützung meistern muss, der sollte nach dem Ansprechen des Stückes durchs Fernglas in jedem Fall einen Übungsanschlag mit gesicherter(!) Waffe darauf machen. Und dabei versuchen, sich über gleichmäßiges Ein- und Ausatmen mehr Ruhe im Körper zu verschaffen sowie sich auch mental – die Erlegung als respektvoll-freudiges Erfolgserlebnis wahrnehmend – positiv einstimmen. Geistige Grundhaltung: „Nichts muss!" Wer diesen Punkt erreicht hat und dann

Zur Beruhigung der Nerven einfach mal einen „Probeanschlag" ohne Erfolgszwang auf das Stück Wild machen ...

wirklich ruhig ist, der kann selbst in dieser entlastenden „Übungssituation" ohne jeden Erfolgsdruck entsichern und ohne Zittern fliegen lassen.

NIE ÜBERSTÜRZTES SCHIESSEN!

Bei zahlreichen Jungjägern stellt sich das Jagdfieber auch erst nach dem Schuss ein. Insbesondere wenn das Stück zwar gezeichnet hat, aber noch hochflüchtig die Bühne verlässt. In diesem Zustand jetzt bloß nicht noch eine Kugel – vielleicht gar mit unsicherem Kugelfang – hinterherwerfen!! Waffe sichern, mehrfach kräftig durchatmen, dabei den Anschusspunkt und die Stelle, an der das Stück außer Sichtweite geraten ist, verinnerlichen und mental herunterkommen. Denn für jeden Jungjäger gilt: You never walk alone! Wenn Atmung und Puls wieder reguliert sind, Unterstützung anfordern und bis zu deren Eintreffen auf dem Platz bleiben und abwarten. Es wird alles gut! Waidmannsheil. Wer all dies als Jungjäger beachtet und beherzigt, für den ist die erlegte Beute die Krönung seiner erfolgreichen Ansitzjagd. Das Bergen, Versorgen und anschließende Feiern des Jagderfolges inklusive. Was will man als Jungjäger denn mehr? Vielleicht Pirschen.

BEJAGUNGSTIPPS FÜR EINZELNE WILDARTEN

Die Feinheiten der Bejagungspraxis für sämtliche Wildarten erschöpfend darzustellen, würde den Rahmen eines jeden Buches sprengen und könnte dennoch niemals eigene Erfahrungen, möglichst unter Anleitung routinierter Jäger, ersetzen. Wer aber einige grundsätzliche Tipps bei den wichtigsten Wildarten beachtet, tut sich leichter.

REHWILD

Allgemeines Rehwild ist im Vergleich zu Rot- und Schwarzwild leicht zu bejagen, das trifft auf Jährlinge und Schmalrehe ganz besonders zu. Ganz anders aber der alte Bock. Er kommt zwischen Dämmerung und „Siehst-mich-nicht". Wenn dann noch der bereits erlegte junge Bock gerade aufgebrochen und geborgen wird, kommt der alte Bock noch später oder dort überhaupt nicht mehr. Ob er die Duftmarke des Jägers XY mit dem Tod eines Artgenossen in Zusammenhang bringen kann, können wir nur vermuten.

Ansitz Er ist die Hauptjagdart. Oft genügen eine kleine Leiter oder ein unauffälliger Erdsitz im Einstand. Wind und Licht beachten: „Sitz mit Licht". Damit ist nicht die Taschenlampe sondern die (auf- oder untergehende) Sonne gemeint, die sich im Rücken des Jägers befinden soll. Ansitzzeiten sind morgens, abends, an ruhigen Stellen mit Äsung im Wald den ganzen Tag. Rehwild hat acht bis zwölf Äsungsrhythmen im Verlauf von 24 Stunden, es zieht also alle zwei bis drei Stunden, um Nahrung zu suchen und aufzunehmen. Oft führt auch die „faule Pirsch" zum Erfolg: Der Jäger nutzt morgens zur Jagd nicht die erste Phase der Nahrungssuche des Wildes in der Dämmerung, sondern erst die zweite; im Sommer geht er also nicht um vier Uhr zur Jagd, sondern erst um sechs Uhr.

Pirsch Nach dem Morgenansitz ist sie reizvoll und oft erfolgreich. Sie stört bei Rehwild relativ wenig im Vergleich zu Rotwild. Besonders günstig zum Pirschen während des Tages, manchmal auch am frühen Abend, ist aufhörender starker Regen: Im Wald tropft es länger, auf kleinen Lichtungen und stillen Waldwegen aber nicht mehr. Wegen der nassen Äste und Blätter verursacht der Jäger keine Geräusche. Im Feldrevier kann man auch die Felder und offenen Flächen mit dem Fernglas morgens, tagsüber und/oder am frühen Abend absuchen (abglasen) und das Wild dann angehen.

Blattjagd Die Blattjagd ist auch für den Anfänger möglich und erfolgreich. Lockjagdkurse, die von den verschiedenen Herstellern der Lockinstrumente angeboten werden, sind empfehlenswert. Wichtig ist es, den richtigen Zeitraum zu wählen. Die letzte Juliwoche und die erste Augustwoche sind besonders zu empfehlen: Die meisten weiblichen Stücke sind beschlagen, der Bock muss brunftige Stücke suchen. Von der Tageszeit her sind besonders geeignet die Zeiten von 7 bis 9 Uhr, 11 bis 14 Uhr und 17 bis 19 Uhr.

Bejagungsgrundsätze Beim Abschuss des weiblichen Wildes, der dem Jungjäger gerne übertragen wird, ist der Eingriff in die Jugendklasse sehr wichtig. Bitte die waidmännische Grundregel beachten: Erst das/die Kitze, dann die Geiß/Ricke. Davon

Im Winter wird Rehwild von hinten angesprochen. Böcke und Bockkitze haben keine Schürze.

gibt es keine Ausnahme für den tierschutzgerechten Jäger, mögen auch noch so viele „Geheimregeln“ am Stammtisch kursieren. Liegen Kitz oder Kitze, kann man auch versuchen, die Geiß/Ricke mit dem Kitzfiep nochmals aus der Deckung zu locken.

Ansprechen im Winterhaar Das Ansprechen von Bock oder Ricke, Bockkitz oder Rickenkitz erfolgt in der Zeit von September bis März zu 100 Prozent nur anhand des Spiegels bzw. der Schürze. Auch weibliche Kitze haben eine deutlich erkennbare Schürze, männliche Kitze nicht. Oft heißt es: „Keine Bockkitze schießen, die erlegen wir lieber als Jährlingsböcke, da sieht man schon besser die Veranlagung. Bitte nur Rickenkitze erlegen, dafür schießen wir dann im Mai keine Schmalrehe.“ Dem ist nichts entgegenzusetzen.

SCHWARZWILD

Zielsetzung Die Ziele der Bejagung von Schwarzwild sind im Feld oft andere als im Wald. Erfragen Sie diese beim Jagdinhaber. Steht die Verhütung von Wildschäden im Vordergrund, spielt die Vergrämung durch Abschuss eine große Rolle: Wird einer führenden Bache ein „Frosch“ mit einem möglichst starken Kaliber ohne Rücksicht auf seine Verwertbarkeit weggeschossen, dann ist dieser Bereich für diese und oft auch andere führende Bachen eine gewisse Zeit tabu. Erlegt man hingegen im Waldbereich an einer Kirrung einen verwertbaren Frischling (ab ca. zehn Kilogramm), soll die Rotte nicht vergrämt, sondern an dieser Stelle möglichst bald wieder ein Stück Schwarzwild erlegt werden. Deshalb wird dann das erlegte Stück auch möglichst mit Wildwanne geborgen und an anderer Stelle aufgebrochen.

Bergen und Lernfähigkeit Dem möglichst „rückstandslosen“ Bergen erlegter Sauen kommt große Bedeutung zu. „Keine Sau sehen“ heißt noch lange nicht, dass keine da ist. Wenn Sauen lernen können, vom Jäger Paul mit der Duftnote „H 4“ geht eine Gefahr für uns aus, denn er nimmt immer einen unserer Art mit, werden die Sauen daraus lernen und ihre Schlüsse ziehen! Dabei spielt auch Jäger Pauls geruchsintensiver Geländewagen „Diesel-Super-One“ eine Rolle. So funktioniert eben Evolution.

Fallstudien

1. Dem Jäger kommen Sauen wie die Orgelpfeifen, also Groß und Klein gemischt. Schießen Sie eine der kleineren Sauen, einen Frischling mit Streifen, der so frei steht, dass auch durch den Ausschuss (Restprojektil und Splitter) kein anderes Wild verletzt werden kann. Sie haben alles richtig gemacht.
2. Es kommen 5 bis 20 Sauen, alle etwa gleich groß: Schießen Sie irgendein Stück. Es handelt sich um eine Rotte von Überläuferkeilern, die aus der oder den Rotten ausgeschlossen wurden, da sie versuchen, die Geschwister zu besteigen, um sich mit ihnen zu paaren.
3. Einzelne starke Sau im Frühsommer: Nicht schießen, es handelt sich bei solchen vermeintlichen starken Keilern meist um hochbeschlagene Bachen, die sich zum Frischen von der Rotte abgesondert haben.
4. Einzelne starke Sau im November/Dezember: Schießen Sie – Waidmannsheil! Sie haben einen starken Keiler erlegt. Allerdings: Über Geschmack kann man streiten, es ist Rauschzeit.

Sinnesleistungen Sauen besitzen einen ausgezeichneten Geruchssinn, können also

Bei gemischten Rotten ist der Schuss auf eines der kleinsten Stücke goldrichtig.

hervorragend winden, und sie vernehmen sehr gut, können also auch Geräusche erkennen und zuordnen. Alles, was an Geräuschen nicht vom Wald selbst ausgeht, veranlasst sie zur Flucht. Der Gesichtssinn ist im Vergleich zu den anderen Sinnen nicht so gut ausgeprägt, das heißt aber keineswegs, dass sie blind sind. Wie alles Wild, eräugen sie vor allem Bewegungen gut.

Ansitzjagd Sie ist auch auf Schwarzwild die Hauptjagdart, an der Kirrung oder an wildschadensgefährdeten Feldern. Das beste Sitzfleisch bringt den meisten Erfolg. Nutzen Sie die Hilfsmittel wie Bestätigen des Wildes anhand seiner Zeichen, aber auch Wilduhr und Wildkamera, um die Ansitzzeit etwas einzugrenzen. Vier bis fünf Stunden Ansitzzeit sind auf Sauen allerdings normal.

Pirsch Sie bringt morgens, ja bis in den späten Vormittag hinein, gelegentlich auch

ZUM NACHDENKEN

Hundebesitzer wundern sich immer wieder darüber, dass der Vierbeiner die Rückkehr eines Familienmitglieds schon geraume Zeit vorher „ahnt" und anzeigt, obwohl noch kein Motorengeräusch zu hören und auch die Uhrzeit nicht immer die gleiche ist. Woher „weiß" der Hund es also? Denken wir nach: Sind Sauen oder anderes Wild „dümmer" als Hunde? Ist es denkbar, dass unser Wild uns Jäger kennt, so wie auch wir glauben, einen Teil unseres Wildes zu kennen? Haben wir das Wild mit unserem Verhalten „schlau gemacht", es gelehrt, uns aus dem Weg zu gehen? Kann es sein, dass das Wild unseren Geländewagen kennt? Dass es unseren Geruch (Schweiß, Rasierwasser oder eine Mischung aus beidem), unseren Fährtengeruch und somit uns kennt, und nur unseren Pirschweg an einer von uns nicht einsehbaren Stelle kontrollieren muss, um zu wissen: „Hochsitz 13" ist wieder besetzt?

Im Frühsommer entpuppen sich einzeln gehende stärkere Stücke oft als Bache statt des ersehnten Keilers!

Erfolg. Dem Anfänger ist von ihr ebenso abzuraten wie vom häufig propagierten Angehen der Sauen im Feld, wenn das Getreide in der Gelbreife steht. Es ist sehr gefährlich und nachts sind eben alle Katzen schwarz. Insbesondere die Beurteilung des Hintergeländes und des natürlichen Kugelfangs sind im Dunkeln sehr problematisch.

ROTWILD

Ansitzjagd Standardbejagungsart ist der Ansitz auf bestätigtes Wild am Morgen und/oder Abend. Frühzeitiges Angehen, in jedem Falle zwei bis drei Stunden, bevor das Wild erwartet wird, und nicht durch den Einstand oder über Wechsel zu laufen, ist wichtig. Oft ist es am besten, die Kanzel (Schlafkanzel) am Spätnachmittag zu beziehen und über Nacht, bis zum nächsten frühen Vormittag draußen zu bleiben, vor allem in reinen Feldrevieren oder Revieren mit Wald-Feld-Grenze.

Pirsch Ja, aber nur am Morgen. Mit der Pirsch wird erst bei gutem Büchsenlicht begonnen, zu groß ist sonst die Gefahr, das Wild zu vertreten. Nach dem Schuss braucht es gutes Licht, um den Anschuss zu finden und zu untersuchen. Liegt das Wild, ist während des Vormittags genug Zeit, das Wild ohne allzu große Störung zu bergen. Haben wir keinen Jagderfolg, stört die durch uns gelegte menschliche Fährte das Rotwild nicht übermäßig, da es tagsüber mehr im Einstand ruht und nicht zieht. Am Abend ist dies alles anders. Dämmerung und Dunkelheit rücken von Minute zu Minute näher. Nach einem Schuss ist die Gefahr groß, zu früh zum Anschuss zu gehen und das Wild aufzumüden. Den Anschuss zu finden, bei einsetzenden schlechten Lichtverhältnissen, wird immer schwieriger. Eine Nachsuche muss auf den nächsten Morgen vertagt werden. Liegt das Wild, so wird es am späten Abend oder in der frühen Nacht geborgen – Störungen inklusive. Auch wenn nichts zur Strecke kam, wird das nachtaktive Rotwild auf die Fährte des Jägers stoßen: Alle Sinne des Wildes stehen auf Gefahr und signalisieren: am besten fluchtartig den „gefährlichen" Einstand verlassen und – bloß nicht so schnell wieder hierherkommen.

Sinnesleistungen Unter unseren Schalenwildarten besitzt das Rotwild wohl die bestentwickelten Sinne: „Winden" auf 400 Meter ist nichts Unnormales, Äugen und Gefahren auf 200 bis 300 Meter zu erkennen, ebenso wenig. Ja, selbst in eine Kanzel hineinzuäugen, ist für Rotwild nichts Besonderes. Daher in der Kanzel so gut wie nicht bewegen; ein Hut oder eine Mütze mit breitem Rand, der das Gesicht beschattet, ist ein Muss. Graue Handschuhe, auch

Von allen unseren Schalendwildarten besitzt das Rotwild die bestentwickelten Sinne.

im Sommer/Herbst sind sinnvoll. Rotwild kann übrigens erkennen, ob an einer Kanzel die Fensterläden oder Fenster offen oder geschlossen sind und daraus auch die richtigen Schlüsse ziehen.

Jagd zur Brunftzeit Die Lockjagd mit dem Hirschruf funktioniert nur mit einem erfahrenen Jagdbegleiter, der sein Wild kennt, den Hirschruf bedient, das Wild anspricht und dann verantwortlich die Schussfreigabe erteilt. Die Rufjagd ist die hohe Schule der Jagd und nichts für Anfänger.

Kahlwildbejagung Bei der Jagd auf Kahlwild gilt immer: Kalb vor Tier! Ausnahmen und/oder Ausreden werden von rotwildgerechten Jägern nie geduldet oder vergessen! Statt eines Schmaltiers ein Alttier zu erlegen, wird dem Jungjäger (und dem „Altjäger") also nie verziehen. Im Zweifel: den Finger gerade lassen!

Mit sachgerecht eingebauten Röhrenfallen ist gut jagen auf Reineke.

Hegeschauen Die Qualität der Rotwildpopulationen ist von Region zu Region unterschiedlich. Ein Berghirsch hat ein anderes Geweih als ein Auenhirsch. Besuchen Sie Hegeschauen Ihrer Region, um das Wild dort kennenzulernen. Trophäenschauen sind Lehrschauen.

Klasseneinteilung Rotwild wird bekanntlich nach Stärke- und teilweise Güteklassen eingeteilt. Was sich dahinter verbirgt, ist in den Rechtsverordnungen der einzelnen Bundesländer nachzulesen und leider keineswegs bundeseinheitlich geregelt. Jedes Bundesland hat seine eigenen Vorstellungen und Richtlinien. Ein III-b-Hirsch ist in Niedersachsen etwas anderes als in Bayern!

FUCHS

Jungfuchsbejagung Jungfüchse können mittels Ansitz am Bau während des ganzen Tages erfolgreich bejagt werden. Wenn die Jungfüchse ab Mai ihre ersten Streifzüge unternehmen, verspricht vor allem der Ansitz an frisch gemähten Wiesen Erfolg. Oft ist darauf das gesamte Geheck gemeinsam unterwegs.

Fangjagd Die Jagd mit Fallen ist ganz allgemein sinnvoll; besonders empfehlenswert sind Röhrenfallen in allen Variationen und die Berliner Jungfuchsfalle.

Baujagd Am Kunstbau wird sie mit und ohne Bauhunde durchgeführt. Am Naturbau, soweit nach Landesrecht zulässig, verspricht sie in Begleitung erfahrener Baujäger und -hunde besonders im Januar und auch an den ersten Februartagen Erfolg.

Luderplatz Wichtig ist eine ganzjährige regelmäßige Beschickung und Kontrolle von Luderplätzen. So sind sie den standorttreuen Füchsen bekannt.

Ansitz bei Mond Sind Sie zum Mondansitz auf relativ störungsempfindliches Rotwild oder Schwarzwild eingeladen, erkundigen Sie sich, ob das Erlegen von Füchsen überhaupt erwünscht ist. Sehr häufig will man die Störung durch einen Schuss und das anschließende Bergen des Wildes vermeiden.

Fuchsreizen Für diese Lockjagd im Winter, nachts bei Vollmond im freien Feld, sind eine Schonzeitbüchse oder Bockbüchsflinte im Kaliber .22 Hornet oder besser noch .222 Remington ideal. Mit ihnen kann man anwechselnde Füchse auch auf größere Entfernungen bis zu 200 Metern erlegen. Beim Angehen der Ansitzeinrichtung wird Tarnkleidung, ggf. ein Schneehemd, getragen.

Reizen mit der Hasenklage Dieses Lockinstrument wird nur sparsam eingesetzt, denn Füchse wissen, dass ein „Massensterben“ von Hasen nicht die Regel ist: erst eine Stunde sitzen, dann die Hasenklage einsetzen und dann mindestens zwei Stunden warten. Die Hasenklage ist für den Fuchs in einer klaren Winternacht über mehrere Kilometer zu hören und deshalb schnüren Füchse aus verschiedenen Richtungen an. Das braucht eben Zeit. Ein Schuss stört meist nicht, da er wegen des Echos nicht zuzuorten ist.

Zweck der Fuchsbejagung Füchse werden erlegt, wenn es Sinn macht: entweder, um den Balg zu verwerten oder aus Gründen der Niederwildhege.

Jagdzeit Die Regelungen der einzelnen Länder sind zu beachten. Teilweise ist die Bejagung von Jungfüchsen ganzjährig erlaubt, teilweise bis in den Sommer hinein verboten. Zu beachten ist auch die Aufzuchtzeit!

DACHS

Ansitz an Bau, Wechsel oder Pass Er findet am Morgen und am Abend statt. „Wer den Bau hat, hat den Dachs!“ Grimbart ist abends mit der Letzte, der auf nächtliche Streifzüge geht und morgens der Erste, der wieder den Bau aufsucht. Der Schrotschuss mit Schrotgrößen 3,5, 3,75 und 4 mm hat sich bewährt. Die Schussentfernung von maximal 35 Metern, besser 30 Metern, ist einzuhalten.

Baujagd mit Erdhunden am Naturbau Soweit diese Jagdart nach Landesrecht überhaupt gestattet ist, endet sie fast immer mit einem Einschlag (Ausgraben des Dachses). Die Verletzungsgefahr für den schliefenden Erdhund ist ausgesprochen groß. Insbesondere große, seit Generationen bekannte Dachsburgen sind oft als „Etagenbaue“ mit mehreren Metern Tiefe angelegt. In Felsenbauen darf aus Rücksicht auf die Gesundheit des Jagdhundes keine Baujagd ausgeübt werden. Einen befahrenen Bau erkennt man an den Dachsaborten, am Geschleif, an der Dachsrinne, an den fehlenden Spinnweben vor der Röhre und am frischen, typischen Spurbild. Der Dachs nagelt.

Ansitz an Getreidefeldern im Sommer An Feldern, in denen der Dachs „sticht“ und dadurch auch Schäden, ähnlich denen des Schwarzwilds, anrichtet, führt die Ansitzjagd, auch bei Vollmond, ebenfalls zum Erfolg.

Jagdzeiten Sie sind bundeslandweise unterschiedlich und zu beachten.

Dachsfett Das Dachsfett sollte immer gewonnen werden. Es soll gegen vieles helfen. Es ist nachgewiesenermaßen cortisonhaltig. Über Geruch/Geschmack kann man natürlich streiten.

PIRSCH UND LOCKJAGD

Das Wild finden, angehen und dann waidgerecht erlegen – die Pirsch gilt als die Königsdisziplin der Einzeljagd. Denn sie ist weitaus anspruchsvoller und herausfordernder, als auf dem Ansitz das Eintreffen des Wildes an einem festen Platz zu erwarten. Pirschen ist jagdliche Leidenschaft mit allen Sinnen, echte Passion.

Als Jungjäger mit der Pirsch als Jagdart zu beginnen, ist ihrer hohen Anforderungen wegen nur bedingt zu empfehlen. Wer es sich trotzdem zutraut – gut vorbereitet und anfangs vor allem auf vorbestimmten und bewährten Pirschpfaden und nicht in unbekanntem Terrain –, der erlebt die Vielfalt einer Jagdart, die durch wenig andere Naturgenüsse zu toppen sein dürfte.

PIRSCHEN – ANSPRUCHSVOLLES HANDWERK

Eine erfolgreiche Pirsch mit Anblick oder gar Jagdbeute ist im besten Wortsinne kein „Spaziergang". Das ist hartes Lernhandwerk. Verbunden mit äußerster Disziplin und der perfekten Beherrschung aller menschlichen Sinne. Das nicht domestizierte Wild ist uns in allen Sinneswahrnehmungen haushoch überlegen. Egal ob es um Riechvermögen, Hörvermögen und manchmal auch Sehfähigkeit geht. Jeder Jungjäger kennt aus der Ausbildung den kritischen Hinweis: „Ein Schalenwildrevier ist leichter leergepirscht als leergeschossen". Und das stimmt absolut.
Deshalb muss zunächst geklärt werden, ob es überhaupt erlaubt ist zu pirschen, auch auf das Wann und Wo kommt es an. Oft wird ein Jagdbeständer einem „Anfänger" jegliche Pirsch verbieten.
Jungjägern empfehlen wir ausdrücklich, sich bei ihren ersten Pirschgängen von erfahrenen Waidmännern coachen und begleiten zu lassen. Und lange bevor es losgeht, intensiv zu lernen.

ZEICHEN ERKENNEN UND RICHTIG BEWEGEN

Lernen? Dazu war doch die Jungjägerausbildung da. Stimmt schon, reicht aber meist nicht. Insbesondere, wenn es um das Finden des Wildes anhand von Wildzeichen in der Natur geht. Fährten, Spuren, Geläufe, Losung, Gewölle, Fege-, Schlag-, Schäl- und Plätzstellen. Und so weiter. Wer kennt sich als Jungjäger mit diesen Zeichen wirklich aus? Hand aufs Herz, anfangs die wenigsten.
Ganz zu schweigen von der eigentlichen Pirsch, der absolut langsamen und geräuschlosen, umsichtigen und bestens gedeckten Fortbewegung im Revier. Wir sind eben doch eher Cowboys als Indianer – das wird spätestens bei den ersten knackenden Ästen oder raschelnden Blättern unter dem Schuhwerk oder dem schabenden Geräusch des Gewehrlaufes am Geäst schnell klar. Und schon ist Feierabend mit der Pirsch.

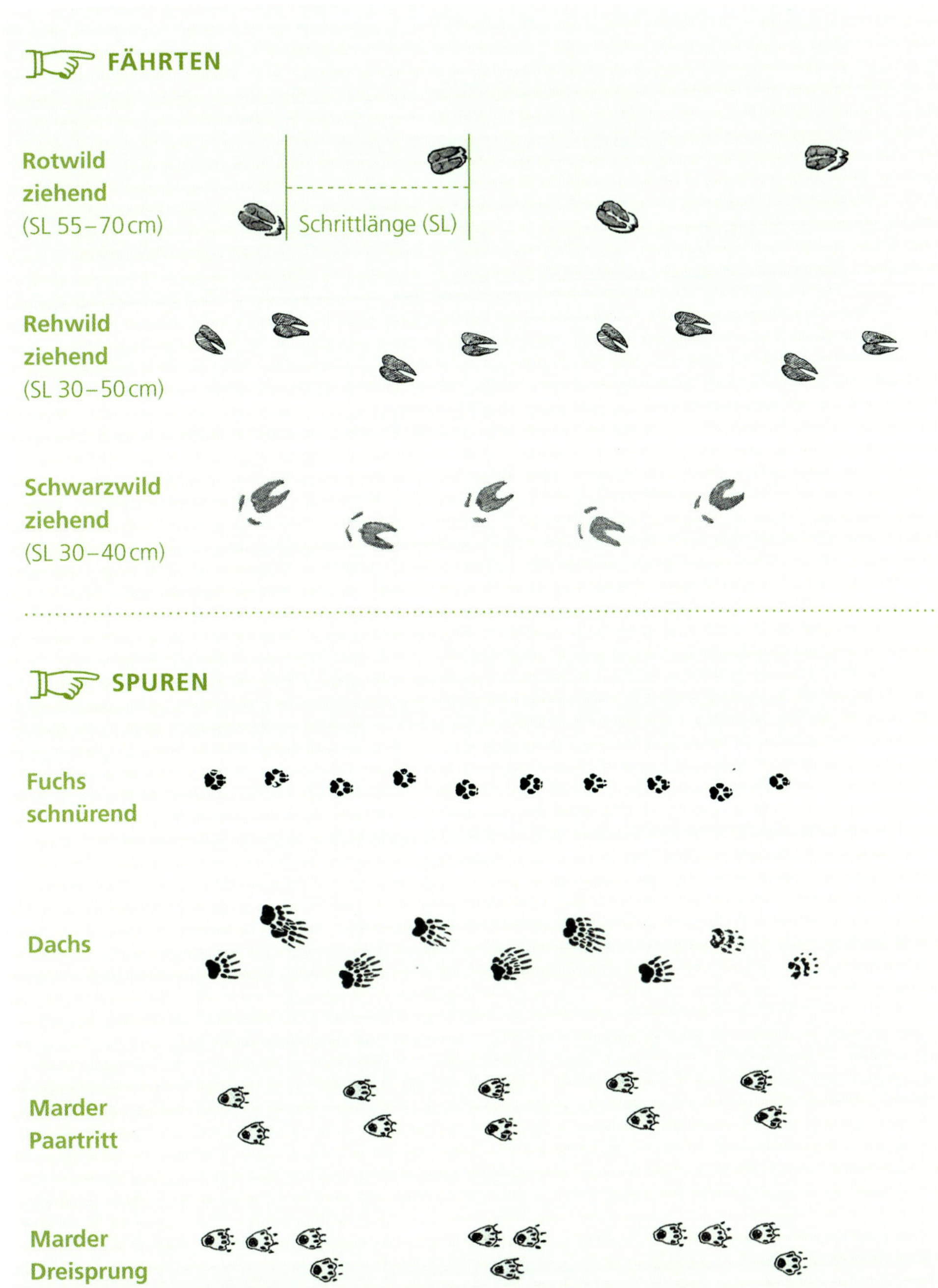

Fährten- und Spurbilder häufiger Wildarten. Die Schrittlängenangaben beziehen sich auf adulte Tiere.

01

02

03

04

„Pirschen gehen heißt pirschen stehen“, lautet eine zutreffende Jägerweisheit. Immer wieder muss angehalten und das Terrain aufmerksam beobachtet und abgeglast werden. Lernen wir doch von unserem Raubwild, den „Zehengängern“: Gepirscht wird möglichst auf den Zehenspitzen, schwere „Pirschstiefel“ sind trotz ihres Namens nicht besonders geeignet. Besser sind einfach nur Turnschuhe, manchmal auch barfuß oder in Socken. In ihnen sind erfahrene Jäger schon manchen Brunfthirsch im Einsatz erfolgreich angegangen.

WILD KANN UNTERSCHEIDEN

Das Wild ist immer im Alarmmodus auf den Läufen, da nützt teuerste geruchsneutralisierende Tarnkleidung am ganzen Körper bis zur Nasenspitze oft ebenso wenig, wie blind auf allen Vieren durchs Revier zu robben.

An Jogger, Radfahrer, Reiter, egal ob vereinzelt und leise oder in Kavalleriestärken laut lärmend auf den Wegen rund ums oder im Revier, hat sich das Wild längst gewöhnt, das beunruhigt es in den seltensten Fällen. Aber wenn sich etwas Unbekanntes

05

tief im Revier bewegt und dort an Äsungsplätzen, Suhlen oder Bauen fremde Duftmarken hinterlässt oder bewegungsauffällig wird, dann sind die Fluchtinstinkte der Tierwelt, wechselseitige Warnungen inklusive, hellwach.

EIN LEHRLING BRAUCHT DEN MEISTER

Pirschen will und muss also, bis hin zur freihändigen, am Baum angestrichenen oder nur vom Pirschstock als Hilfsauflage unterstützten Schussabgabe mit sorgfältig abgeklärtem Kugelfang, vernünftig erlernt werden. Zumal es auch um die geeignete Jahreszeit geht – und das ist eben nicht die Brut- und Setzzeit –, und um die diszipliniert einzuhaltenden bepirschbaren Reviertelle, die dieser Beunruhigung ausgesetzt werden sollen. Nicht zuletzt muss die Pirsch je nach Wildart auch unterschiedlich erfolgen. Spezialwissen, das sich der Jungjäger eigentlich eben nur unter Anleitung eines Routiniers aneignen kann.

06

01 – 06 Beim Reviergang kann der Jungjäger seinen Blick für die Zeichen des Wildes schulen, wie z. B. (von o. l. nach u. r.): Brantenabdruck Marderhund, Fuchslosung, Gewölle, Riss durch Haarraubwild, Fegestelle Rehbock, Malbaum Schwarzwild.

REVIERGANG ANFANGS BESSER ALS PIRSCH

Es ist aber auch für den unerfahrenen Jungjäger kein Problem, nach einem Morgenansitz seine Jagdsinne noch bei kleinen Reviergang auf sorgfältig gepflegten Pfaden zu schärfen. Hier spricht der Jäger eher von einem Reviergang als von einer Pirsch.
Es ist schließlich nicht nur interessant, sondern auch wichtig für jeden Jungjäger, zu wissen, wo welches Wild durchs Revier zieht. Und ob sich zum Beispiel am gewohnten Wechsel tatsächlich kürzlich das Alttier mit den zwei Kälbern eingestellt hat. Oder ob die Sauen den frisch geteerten Malbaum angenommen haben, und dort vielleicht auch der starke Urian, von dem sich alle zuraunen, in entsprechender Höhe seine Male hinterlassen hat. Das ist ebenso jagdpraktisches wie nützliches Revierwissen, das sich gut ohne höchsten Tarnaufwand und lange Vorbereitung – quasi im Vorbeipirschen – gewinnen lässt. Soweit, so gut.
Über solche Ziele sprichwörtlich hinauszuschießen und den frischen Saufährten dann soweit zu folgen, bis man mit beiden Beinen im Kessel steht und dabei die ganze Rotte hochgemacht hat, ist hingegen blödsinnig. Und zudem lebensgefährlich für Jungjäger ohne reale Erfahrung mit flüchtigen Schüssen auf extrem kurze Distanzen. „Wolle Wild nicht immer sehen, sieh wohl seine Zeichen stehen."

REVIERGANG UND PIRSCH

Vorrangiges Ziel eines Reviergangs ist nicht das Erlegen von Wild, wenngleich es glücken mag, sondern dessen Bestätigung anhand von Fährten, Spuren, Losung und anderer Zeichen, oder die Kontrolle von Kirrungen usw. Die Pirsch dagegen gilt vorrangig dem Beutemachen und erfolgt zu den Zeiten, in denen das Wild auf Äsungssuche ist.

ORTSKENNTNISSE SIND UNVERZICHTBAR

Als Jungjäger sollte man in jedem Fall mit seinen Mitjägern genau abstimmen, ob überhaupt und falls ja, wann, wo und wie man pirschen darf. Ohne Revierkarte und ein Grundmaß an Ortskenntnis inklusive dem Wissen um Wechsel, Pässe, Einstände, Suhlen etc. der im jeweiligen Revier vorkommenden Schalenwildarten funktioniert eine aussichtsreiche Pirsch ohnehin kaum.
Deswegen ist die gezielte Pirsch ohne reviererfahrenen Jagdbegleiter für Jungjäger allenfalls dort interessant, wo sie als jagdliche Heimat einen eigenen dauerhaften Revierzugang in Form eines Pirschbezirks oder Begehungsscheines haben. Dort lernen sie Schritt für Schritt mit behutsamen Pirschgängen, die sich im Laufe der Zeit und mit zunehmender Erfahrung und Kenntnis der Materie ausweiten lassen, das erfolgreiche Pirschen. Und bekommen neben dem Respekt vor der Komplexität dieses Unterfangens auch immer mehr Know-how und Routine.

ZUSATZAUSBILDUNG „PIRSCHEN" TUT NOT

Die detaillierten Abläufe des erfolgreichen Pirschens hier zu beschreiben, würde den Rahmen des Buches sprengen. Es finden sich ebenso eine ganze Reihe eigenständiger Ratgeberwerke dazu, wie es entsprechende Seminar- und Kursangebote zu dieser Jagdart gibt, die jedem Jäger offen stehen und bei denen Jungjäger gern gesehen sind. Jungjäger, die in der Pirsch ihre jagdliche Bestimmung sehen und suchen oder einfach nur für diese Jagdart gut gerüstet sein wollen, kommen an einer intensiven Ausbildung dazu jedenfalls nicht vorbei.

Deutlich einfacher und mit dem Rüstzeug eines erfolgreichen Jägerkurses auszuüben ist die nächste Jagdart: die Lockjagd im Rahmen von Ansitz oder Pirsch.

LOCKJAGD

Bei der Lockjagd nutzt der Jäger die Instinkte und Triebe des Wildes, seien dies der Fortpflanzungstrieb, der Beutetrieb, die Sozialgebundenheit oder schlichtweg der Hunger. Gekonnt ausgeübt, verspricht diese Art der Jagd Erfolg und ist vor allem aufregendes Waidwerk.

Dass der Ansitz auf Schwarzwild an einer Kirrung zur Lockjagd zählt, bedarf wohl keiner weiteren Erläuterung. Trotzdem kann der Hinweis nicht schaden, dass es sowohl verboten als auch wenig waidmännisch ist, als (Jung)Jäger vor dem Abendansitz noch sämtliche Küchenbioabfälle der letzten Haushaltswoche rund um den Kirrplatz zu verklappen, um damit die Beutechancen zu erhöhen.

KIRRUNG

Genauso interessant ist es, im Rahmen des rechtlich Zulässigen an ein paar Stellen im Schussfeld eines Hochsitzes, in dessen Nähe Sauen frisch gebrochen haben, mit der gebotenen zeitlichen Distanz zum Ansitz ein paar Handvoll Mais zu verteilen. Handvoll, nicht Eimervoll. Und zwar so abgedeckt, dass anderes Wild nicht daran gelangen kann. Streng zu beachten sind auch die rechtlichen Bestimmungen der Bundesländer hinsichtlich Art und Menge des Kirrgutes und der zulässigen Anzahl der Kirrstellen.

Wichtig sind außerdem eine regelmäßige Beschickung und die Überwachung solcher Kirrplätze, sei es durch persönliche Kontrolle, Wilduhr oder -kamera. Dass man am Kirrplatz nicht „nässt" oder andere unnöti-

Kirrjagd auf Sauen zählt auch zur Lockjagd. Die zulässige Art des Ausbringens ist in den Bundesländern unterschiedlich geregelt. Was im einen erlaubt wäre, ist im anderen verboten.

LUDERPLATZ

Ähnliches wie für die aussichtsreiche Kirrjagd gilt für die Anlage eines Luderplatzes oder einer Mäuseburg und die Jagd daran auf hungrige Rotröcke. Kaum eine Wildart ist so misstrauisch und clever wie der Fuchs. Allein schon aus diesem Grund kann der Jungjäger ohne sachkundige Anleitung eines erfahrenen Praktikers eigentlich nur alles falsch machen. Von den einzuhaltenden gesetzlichen Vorgaben hinsichtlich des Womit und Wie der Beschickung ganz zu schweigen.

ge Duftmarken hinterlässt, sollte selbstverständlich sein. Und auch den Hund nimmt man nicht dahin mit, sondern legt ihn 50 Meter vorher ab.
Wie und wo genau man aussichtsreiche Kirrplätze schafft und beschickt, ist klassisches Jagdhandwerk des praktischen Jagdbetriebes, in das sich Jungjäger am besten sehr früh von erfahrenen Waidgenossen einführen lassen sollten.

JAGEN MIT LOCKLAUTEN

Skizzieren wir hier also gleich das Wesen der akustischen Lockjagd, bei der die Laute von Geschlechtspartnern, Nachwuchs, Nebenbuhlern oder Beutetieren unseres „Zielwildes" nachgeahmt werden, um zu Anblick oder jagdlicher Beute zu gelangen. Ist doch klasse, oder? Ein Pfiff, und die Beute steht auf der Matte bzw. Bühne. Schön wär's, liebe Jungjäger! So einfach ist das längst nicht, auch wenn es zwischenzeitlich ganze Batterien von Akustiklockern und -rufern gibt, bei denen die Hersteller unverzüglichen Jagderfolg quasi garantieren.

BLATTER UND HIRSCHRUF

Lock- oder Rufinstrumente sind nur so gut, wie sie zum richtigen Zeitpunkt am geeigneten Ort kundig, also in täuschend echter Tonlage vom gut getarnten Jäger, eingesetzt werden. Die Klassiker sind zur Blattzeit und Brunft Blatter und Hirschruf. Wobei der Blatter im besten Wortsinne ein Buchenblatt, das Blatt eines beschatteten Faulbeerbaums oder ein Grashalm sein kann, den man, mit Zeigefingern und Daumen auf Spannung an die Lippen gesetzt, zum Rehbock lockenden Musizieren nutzt. Professioneller und mit geringerer Fingerfertigkeit handhabbar sind die Lockinstrumente der bekannten Hersteller. Jungjäger setzen da vor allem bei der Blattjagd neben verschiedenen Mundblattern gerne auf den Buttolo-Gummiball, mit dem sich unterschiedliche artnahe Tonlagen von Lock- und Angstrufen des Kitzes ohne große Übung erfolgversprechend nachahmen lassen. Aber Achtung: Dieser Locker ist weder eine Handhupe noch Klistierpumpe! Wer zu oft und zu fest drückt, dem springt selbst der unerfahrenste Jährling schreckend ab oder erscheint mangels Stimulanz erst gar nicht auf der Bühne.

BLATTEN NIE AUFS GERATEWOHL

Egal ob Gummiball oder Mundblatter von Weisskirchen, Rottumtaler, Hubertus und anderen Anbietern, der passende Ton macht die Musik und damit den Anblick. Ein erfolgreiches Blattkonzert von aufgeregt über klagend bis leidend will gelernt sein! Meist bestimmt schon der richtige Ort den Ausgang des Geschehens. Als Jungjäger einfach präventiv von Ansitz

Mit dem Hirschruf erfolgreich zu locken, bedarf einiger Erfahrung.

oder Pirsch in den Wald und Feld, am besten schon weit vor dem Beginn von Blattzeit oder Brunft, „reinzurufen", ohne die Einstände und Wechsel von Bock oder Hirsch halbwegs verlässlich zu kennen und ihre Nähe zu suchen, ist vergebliche Liebesmüh und macht das Wild zudem heimlich. Wenn die Lockjagd so einfach wäre, könnte sie ja jeder.

ALLES MUSS PASSEN

Gerade bei der extrem spannenden Bockjagd zur Blattzeit gilt es, das Wild und seine Wege zu kennen und mit allen verfügbaren Sinnen zu überlisten. Alte, erfahrene Böcke sind extrem vorsichtig und erkennen schon am falschen Ton die Gefahr. Wenn er dann noch menschliche Witterung

Blattinstrumente bieten zahlreiche Hersteller an: Im Foto zwei Mundblatter und der Buttolo-Gummiball.

Gekonnte Blattjagd verschafft herrliche Jagderlebnisse. Auch Jungjäger sollten sie frühzeitig lernen.

durch küselnden Wind bekommt, schreckt er nicht mal, sondern bleibt heimlich und ist unerkannt vergrämt. Will sagen: Neben dem richtigen Musizieren kommt es auch auf die Rahmenbedingungen an, wenn Diana Jungjägern bei der Lockjagd zu Blattzeit und Brunft gewogen sein soll.

ERFAHRUNGEN SAMMELN

Einen Vorteil bringt die Lockjagd Jungjägern in jedem Fall: Richtig durchgeführt, bietet sie gerade bei der Bockjagd, wenn nicht zum Schuss, so doch Gelegenheiten zur Altersansprache. Wer sich als Jungjäger im ersten Jahr direkt als Hirschrufer betätigen will, um sein Jagdglück zu erproben, der sollte sehr genau wissen, was er tut und dass es das Richtige für ihn und seine Jagdkameraden im Revier ist. Hirsche sind noch schwerer aus der Deckungsreserve zu locken als Rehböcke. Umso leichter aber mit ungelenkem Musizieren zu vergrämen. Egal ob Mauspfeifchen, Hasenklage, Blatter, Hirschruf oder gar Schwarzwildlocker – wer als Jungjäger ein oder mehrere Lockwerkzeuge beherrscht, dem erleichtert das zuweilen sehr den Beuteerfolg. Oder beschert zumindest mehr Anblick.

LOCKJAGD AUF FLUGWILD

Wie bei den anderen Kapiteln dieses Buches auch, muss hier die Betrachtung des Niederwilds bzw. Flugwilds sehr kurz ausfallen. Natürlich gibt es sehr reizvolle und jagdlich herausfordernde Möglichkeiten zur Lockjagd mit Lockvögeln oder ganzen Lockbildern, beispielsweise auf Tauben, Krähen, Enten oder Gänse. Auch hier bedarf es mehr als einfach nur „draufloszumachen“. Wer als Jungjäger in den passenden Revieren waidwerkt, der lernt dort in der Praxis besser, als es jede Buchdarstellung vermitteln kann, wie man zum Jagderfolg auf diese Wildarten kommt. Wir bitten um Verständnis für diese „Platzentscheidung“.

BEWEGUNGSJAGD

Bewegungsjagden haben deutlich an Bedeutung gewonnen, nicht zuletzt der auffälligen Schwarzwildzunahme wegen. Hier soll zeitlich konzentriert möglichst viel (richtige) Strecke gemacht werden. Gelegenheit zur Teilnahme bekommen selbst revierlose Jungjäger leichter als eine dauerhafte Jagdmöglichkeit.

Das aber nur, wenn sie halbwegs kommunikativ sind und ihr Interesse an solchen Jagdgelegenheiten auch kundtun. Eine andere Möglichkeit ist die Teilnahme an einer Bewegungsjagd in Staatsjagden – gegen eine feste Standgebühr und erfolgsabhängige Trophäengebühren oder Wildbretübernahme.

Die ganz großen Gesellschaftsjagden in Form von Treibjagden mit 100 und mehr Schützen und einer Treiberwehr in Kompaniestärke sind dabei inzwischen bei privat organisierten Bewegungsjagden – also außerhalb des Jagdgeschehens beim Staatsforst oder kommerziellen Waldbewirtschaftern – eher die Ausnahme. Zu viel

Die Größe von Bewegungsjagden kann je nach Ausrichter von „kleinem Kreis" bis „Mammutereignis" variieren.

Organisations- und Umsetzungsaufwand, zu hohe Kosten plus unerquicklich hoher Wahrscheinlichkeit, dass fehlgeleitete Störtruppen das Jagdgeschehen be- oder verhindern. Das tut sich kaum noch ein privater Jagdherr mit kleinerem Revier ohne Not an.
Weitaus üblicher sind da – zum Teil auch revierübergreifende – Bewegungsjagden auf Schalenwild mit einem kleineren Kreis von Jagdbeteiligten. Häufig werden bei diesen Jagdanlässen Treiber und Durchgehschützen von stöbernden Hunden begleitet, die Zahl aller Teilnehmer liegt bei vielleicht plus minus 50. Die Jäger werden bei diesen (Ansitz)Bewegungsjagden auf Schalenwild auf fest definierten Schützenständen (Drückjagdkanzeln, Erdsitzen oder mitgebrachte Sitzgelegenheiten) an Wechseln oder Einständen postiert. Doch der Reihe nach.

DIE JAGDEINLADUNG

Alles beginnt bei der Bewegungsjagd mit einer, in der Regel schriftlichen Einladung. Das gilt für die hier in der Folge beschriebene Ansitzbewegungsjagd auf Schalenwild, sinngemäß aber auch für die klassische Niederwildtreibjagd.
Die Einladung ist zeitnah per Zu- oder gut begründeter Absage zu beantworten. Wer seine Teilnahme zusagt, ist dann natürlich im Wort. Absagen kurz vor Beginn der Jagd sind nur in ganz besonderen Fällen zulässig und für den Einladenden nachvollziehbar. Das können eine eigene Erkrankung, eine Unfall beziehungsweise ein vergleichbares Ereignis bei engen Familienangehörigen oder Freunden sein.

TIPP
Nach einer ursprünglichen Zusage kurzfristig mit einer fadenscheinigen oder gelogenen Ausrede wegen einer vermeintlich besseren Jagdeinladung am gleichen Tag abzusagen, gehört sich nicht und kommt meist auch raus. So ein absolutes No-go vergrätzt nicht nur den verschmähten Beständer, sondern bringt auch denjenigen ins Grübeln, dessen Einladung man spontan angenommen hat. Jagdkreise sind klein und häufig gut miteinander vernetzt – da verbreitet sich jedes Fehlverhalten extrem schnell.

AUFMERKSAMES LESEN ANZURATEN

Dem Text der Einladung sind neben Zeit, Ort, Jagdart und Anlass in aller Regel weitere nützliche Informationen wie die zu bejagenden Wildarten sowie Ablaufhinweise zu entnehmen. So erfährt man auch, welche Waffe die geeignete Wahl ist: Ein Feldtreiben auf Niederwild ohne Rehwild (Streife, Böhmische Streife, Kesseltreiben etc.) verlangt nach Schrotflinte oder Standard-Drilling mit offenem Visier, bei einer Waldjagd auf Schalenwild (Vorsteh- oder Standtreiben, Drück- oder Riegeljagd usw.) sind Repetierbüchse, Doppelbüchse oder Doppelbüchsdrilling die sinnvollsten Waffen. Wegen der Notwendigkeit des schnellen Schusses sind diese Kugelwaffen am besten mit Drückjagd-Optik in Form eines Rotpunktvisiers oder eines variablen Drückjagdzielfernrohrs ausgestattet. Gar nicht selten werden in der Einladung auch Mindestkaliber und -geschossgewichte für die fragliche Jagd gefordert.

MUNITIONSVORRAT, BEKLEIDUNG UND VERPFLEGUNG

Jeder Jäger, Jungjäger inklusive, sollte sich zudem mit einem ausreichenden Munitionsvorrat ausstatten. Vor allem bei Feldjagden auf Hasen oder Flugwild sind mindestens 20 Schrotpatronen nie verkehrt. Aber auch bei der Bewegungsjagd im Wald dürfen es gerne mehr als die für die meisten Ansitze völlig ausreichenden fünf Patronen im Etui sein. Erhält man einen der berühmten „Kaiserstände" mit perfektem Anlauf, sind fünf Patronen viel zu wenig. Also bitte nicht zu sparsam bei der mitgeführten Munitionsmenge sein. Ein Jäger, dem schon im ersten Drücken oder Treiben die Munition ausgeht, ist ein nutzloser Platzhalter und wird sicher nicht so einfach wieder eingeladen.

Ebenfalls wichtig ist die jahreszeitlich zu wählende Bekleidung. Auch hier ist etwas mehr nie verkehrt, gerade im Winter oder bei widrigem Herbstwetter.

Größere Bewegungsjagden werden meist mehrere Monate im Voraus geplant. Da weiß der Jagdherr natürlich noch nicht, was das Wetter ihm und seinen Jagdgästen an positiven oder negativen Überraschungen beschert. Ein zweites Paar feste Stiefel zum Wechseln im Auto zu haben, schadet ebenso wenig, wie sich im Winter für das stundenlange Warten mit ein paar Heizeinlagen für das Schuhwerk oder zumindest doppelten Socken auszustatten.

Ob es sinnvoll ist, sich mit Verpflegungsreserven für die Bewegungsjagd auszustatten, ergibt sich häufig auch schon aus der Einladung. Oder lässt sich mit einem Telefonat (nicht zehn) mit dem Jagdherrn oder Jagdanbieter direkt nach Erhalt der Einladung erfragen.

TIPP

Wer vor Kälte bibbert, an den Füßen friert oder in nassen Schuhen steht, ist im entscheidenden Moment längst nicht so konzentriert wie ein Jäger, der sich in seinen Klamotten rund herum wohl fühlt und „trockene Läufe" hat.

Bei der Ansprache des Jagdleiters heißt es konzentriert und ganz genau zuhören!

„ANSTANDSREGELN"

Ebenso die Abläufe und Planungen nach dem Ende der Jagd. Ohne ein Gastgeschenk oder einen angemessenen Dankeschön-Obulus für die Treiberwehr sollte man auch als Jungjäger nie zu einem solchen Anlass anreisen, wenn es nicht um ein kommerzielles, d. h. selbst bezahltes Jagdereignis geht. Sich davor drücken zu wollen, indem man seine Beteiligung am Schüsseltreiben schon im Vorfeld oder zum

Jagdende hin absagt, ist ebenfalls nicht gerade verbindungsförderlich.
Dies gilt übrigens auch für den Umstand, während der Jagd eine gute Gelegenheit zum Streckemachen erkennbar ausgelassen zu haben, um nicht Jagdkönig werden zu müssen. Jungjäger, die sich nicht trauen, im entscheidenden – und perfekt passenden – Moment abzudrücken und Beute zu machen, werden ungern gesehen und gerade zu privaten Bewegungsjagden selten erneut wieder eingeladen.

Die Jagdscheinkontrolle ist Pflicht nach UVV. Sie muss vor Jagdbeginn erfolgen.

AM TREFFPUNKT

Wenn der Jagdtag gekommen ist, heißt es gut vorbereitet und ausgerüstet pünktlich vor Ort sein. Etwas früher schadet nie, man muss dafür ja nicht im Auto vor dem vereinbarten Treffpunkt übernachtet haben. Wer sich als Jungjäger dadurch wohler fühlt, geht ein paar Tage vor der ersten Bewegungsjagd noch mal ins Schießkino oder auf den Schießstand und überprüft bzw. verbessert dort seine Fähigkeiten im Schuss auf bewegliche Ziele. Das gibt Selbstsicherheit und nimmt Druck raus.
Vor Ort macht man sich dann freundlich und ohne großes Aufhebens mit seinen Mitjägern bekannt. Meist bedarf es dabei nicht gegenüber jedermann noch des „Warnhinweises“, dass man Jungjäger ist. Denn bei der offiziellen Begrüßung, inklusive Ablauferläuterung und Einweisung durch den Jagdherrn oder dem von ihm bestimmten Jagdleiter nach UVV, erfolgt ohnehin meist ein freundlicher Hinweis zu den neuen Gesichtern in der Runde und deren Jagderfahrung. Da grüßt man freundlich in den Kreis und gut ist es.

ANSPRACHE DES JAGDLEITERS

Bei der Einweisungsansprache inklusive Freigabe- und Sicherheitsbestimmungen ist absolute Aufmerksamkeit erforderlich! Hier gilt es, sich sehr konzentriert alles genauestens zu merken. So ein Tag ist für alle Beteiligten ein aufregendes Ereignis, vor allem für den Beständer. Wenn etwas nicht oder nicht genau verstanden wurde, bitte unmittelbar nach Ende der Ansprache und vor Beginn der Zuteilung auf die Ansteller nachfragen! Wer nicht verstanden hat, welches Wild er erlegen darf, ab wann gejagt wird und vor allem, wann „Hahn in Ruh“ ist, der hat ein Problem. Und das kann nicht nur peinlich, sondern gefährlich werden.

JAGDSCHEINKONTROLLE

Unaufgefordert jedem Mitjäger voller Stolz seinen Jagdschein – und am besten noch die WBK zum Besitznachweis der geführten Jagdwaffe – unter die Nase zu halten, ist vollkommen überflüssig. Dem Jagdherrn oder den dafür bestimmten Helfern bei der Kontrolle den gültigen Jagdschein und ggf. den gesetzlich vorgeschriebenen oder vom Revierinhaber geforderten Schießnachweis zu zeigen, sicherlich nicht. Die Jagdscheinkontrolle ist UVV-Pflicht eines jeden Jagdleiters.

AUF DEN SCHÜTZENSTAND

Wenn es zum Aufsitzen, d. h. der Abfahrt zu den Anstellplätzen, geht, sollte man seine Ausrüstung bereits parat und am Mann haben. Die Waffe natürlich ungeladen und mit offenem Schloss.

Wir empfehlen, den eigenen Ansteller kurz vorab zur Seite zu nehmen und ihn – durchaus mit dem Hinweis auf die eigene Jungjägersituation – darum zu bitten, das Schussfeld und mögliche Besonderheiten des Standplatzes genau erläutert zu bekommen. Bei gut organisierten Bewegungsjagden ist eine solche Einweisung aber ohnehin selbstverständlich. Unmissverständliche Schussfeldmarkierungen durch Trassierband oder Farbhinweise am Standplatz bzw. in dessen näherer Umgebung sind Standard.

TIPP

Fürsorgliche Jagdherren nehmen auf Jungjäger bei deren ersten Bewegungsjagden Rücksicht. Sie geben ihnen meist Standplätze, an denen alles besonders übersichtlich ist. Ein klar definiertes und nicht zu enges Schussfeld mit Sichtkontakt zu den Standnachbarn gehören natürlich dazu.

Hier gleich zu Anfang genau im Bilde zu sein, entspannt das kommende Geschehen. Genau wie die kurze Verständigung mit den unmittelbaren Standnachbarn, sofern sie in Sichtweite sind. Sich die Handynummer des Anstellers für einen etwa notwendigen Kontakt geben zu lassen, ist ebenfalls sinnvoll und beruhigt.

EINRICHTEN AM STAND

Am Standplatz angekommen, ist die Jagd häufig bereits ohne feste Zeitangabe eröffnet, sobald man sich eingerichtet hat und alle Sicherheitskriterien erfüllt sind. Das ist gut so, verlangt aber gerade von Jungjägern besondere Disziplin. Anschlagübungen in Richtung der Standnachbarn gehören sich – selbst bei ungeladener Büchse – ebenso wenig, wie am oder rund um den eigenen Standplatz erst mal lautstark Äste abzuknicken, Totholz wegzukicken oder Laub wegzuscharren, um später besser schießen zu können.

Hat man seinen Platz auf dem Drückjagdbock oder der offenen Drückjagdkanzel eingenommen oder gegebenenfalls den Sitzstock stabil postiert gestellt, wird die Waffe leise geladen und es kehrt Ruhe am Standplatz ein. Keine hektischen Bewegungen, keine Handy-Daddelei, stattdessen

Absolute Ruhe und Konzentration auf dem Stand sind die Voraussetzungen für ein Streckemachen.

TIPP
Nach Einnehmen des Standes wird nicht mehr ewig im Rucksack herumgekramt. Trinkflasche und vielleicht auch ein Butterbrot für den kleinen Hunger werden also gleich zu Anfang herausgenommen und so platziert, das sie nicht klappernd um- oder herunterfallen können.

konzentrierte Aufmerksamkeit aller Sinne! Das Fernglas hängt griffbereit vor der Brust, die gesicherte Waffe liegt halbwegs bequem in der Armbeuge – die Laufmündung zeigt dann schräg abwärts zum Boden und in eine Richtung, in die niemand gefährdet werden kann – oder griffbereit auf dem Drückjagdbock.
Taschenöfchen oder Heizkissen gegen winterliche Kälte werden bitte schon vor dem Anstellen präpariert und in die passenden Taschen gesteckt. Das gilt auch für Reservemagazine oder lose Ersatzmunition, die ihren Platz verlustsicher in einer leicht zugänglichen Außentasche oder im Schaft-Patronenetui gefunden haben.

DER SCHUSS AUF DAS WILD
Wenn es nun Anblick und Anlauf gibt, heißt es reagieren. Da das Schussfeld mit sicherem Kugelfang ganz klar definiert ist, fällt nun einiges leichter. Wir empfehlen ungeübten Jungjägern trotzdem, gerade anfangs nicht auf hochflüchtiges Schalenwild, vor allem nicht Rehwild, zu schießen. Rehwild wird immer nur beschossen, wenn alle vier Läufe am Boden sind, es also verhofft. Wechselt ein Stück Schwarz-, Rot- oder Damwild hingegen ruhig an oder trollt es ohne große Auf-und Abbewegung langsam heran und kann korrekt als freigegeben angesprochen werden, wird angebackt, mitgezogen und abgedrückt, wenn das Absehen oder Kimme und Korn im bzw. etwas vor dem Leben sind. Natürlich nur, wenn sich das Wild im eigenen Schussfeld befindet und nicht noch oder schon im Schussradius des Standnachbarn. Wurde ein Stück Wild aber vom Standnachbarn beschossen und erscheint krank auf der eigenen Bühne, muss auf jeden Fall

geschossen werden, um das Leiden der Kreatur möglichst rasch zu beenden und eine Nachsuche entbehrlich zu machen. Tut sich ein vom Nachbarn beschossenes Stück aber in dessen Sicht- und Reichweite nieder, überlässt man natürlich ihm den ggf. nötigen Fangschuss.

ENDE OFFEN

Hat man selbst geschossenen und getroffen, ohne dass das Wild liegt oder sich unmittelbar niedertut, werden nur vertretbare und aussichtsreiche Nachschüsse abgegeben. Bitte kein hektisches Hinterherballern, bei dem mit Pech nur gefährliche Querschläger herauskommen. Stattdessen heißt es, sich die Stelle im Gelände, an der das Stück getroffen wurde, möglichst genau einzuprägen, um sie später dem Ansteller oder dem zuständigen Hundeführer zur Nachsuche zeigen zu können. Und besonnen weiterzujagen, sonst nichts!
Niemals darf der Standplatz vor dem Ende der Jagd verlassen werden. Selbst dann nicht, wenn das Stück perfekt getroffen in Steinwurfweite vor dem Stand liegt und man es liebend gerne bergen würde. Spätestens beim zweiten beschossenen Stück, das nicht in Sichtweite liegt, sollte jeder Jäger, und gerade der Jungjäger, darüber nachdenken, den Schießbetrieb für heute einzustellen. Viele Jagdleiter sagen das sogar so an.

ANSCHUSSMARKIERUNG

Nach dem festgelegten Ende der Jagd gilt es, sich so zu verhalten, wie es der Jagdleiter bei der Belehrung vorgegeben hat. Sollen die Schützen Anschüsse verbrechen, geschieht dies am besten mit dem allgemein bekannten Anschussbruch und der zusätzlichen Markierung mit rotem Trassier-

TIPP

Stellt oder bindet ein Hund krankes Schalenwild in Ihrem Schussbereich, dürfen Sie trotzdem niemals schießen. Der Fangschuss ist aus Sicherheitsgründen für Mensch und Hund immer nur den Hundeführern vorbehalten. Aus welcher Deckung ein Hundeführer herausgekrochen kommt, wissen Sie zudem auch nicht.

Der brauchtumsgerechte Anschussbruch allein ist in der Praxis oft nur schwer wiederzufinden. Rotes Trassierband dazu und es fällt leichter.

Kein erfahrener Jäger ist sich zu schade, Neulinge bei der roten Arbeit anzuleiten.

TIPP

Hilfestellungen beim Aufbrechen leistet jeder erfahrene Jäger einem Jungjäger bei der ersten, zweiten oder dritten Bewegungsjagd gern. Beherrscht ein Jungjäger auch bei der zehnten Jagd die rote Arbeit immer noch nicht halbwegs, entsteht schon der Verdacht, dass es ihm an Interesse fehlt oder er schlicht zu faul ist. Hat es leider alles schon gegeben.

band. Sollten Sie erlegtes Wild z. B. an einen Weg herausziehen, markieren Sie die Stelle, an der es lag, mit andersfarbigem Trassierband. Haben Sie krankgeschossenes Wild erlegt und ziehen es heraus, wird diese Stelle für einen eventuell ankommenden Nachsuchenführer mit wieder andersfarbigem Trassierband markiert, damit der Hundeführer weiß: Das Stück ist da, die Nachsuche beendet.

ALLE SCHÜSSE WERDEN GEMELDET!

Nach dem Ende der Jagd müssen alle Schüsse, auch vermeintliche Fehlschüsse, dem Ansteller unverzüglich gemeldet werden. Wer aus falscher Scham mutmaßliche Fehlschüsse nicht meldet oder Krankschüsse auf eine vermeintlich geringerwertige Beute wie den Fuchs zu „Gefehlt" deklariert und verschweigt, handelt unwaidmännisch und macht sich zudem strafbar. So etwas geht gar nicht. Ohnehin macht der Standnachbar, in dessen Richtung das Stück geflüchtet ist, mit großer Wahrscheinlichkeit Meldung über diesen Jagdfrevel. Also lieber einmal zu viel als einmal zu wenig jeden möglichen oder wahrscheinlichen Fehlschuss überprüfen lassen!

DIE ROTE ARBEIT IST EHRENSACHE

Zum festgelegten Jagdende – heute jagt man bei Bewegungsjagden auf Schalenwild in der Regel nach der Uhr und nicht über Hornsignale – wird die eigene Beute geborgen oder seinen Standnachbarn bei der Bergung von deren Beutewild tatkräftig geholfen. Egal ob vereinbarungsgemäß an einem zentralen Aufbrechplatz oder vor Ort aufgebrochen wird, folgt nun die rote Ar-

beit. Es ist selbstverständlich, dass sich jeder Jungjäger mit Waidmannsheil um die Versorgung seiner Beute kümmert, wenn diese Arbeit nicht ausdrücklich durch vom Jagdherrn damit beauftragte Profis getan werden soll.
Ebenso selbstverständlich ist es für viele gestandene Jäger, Jagdnovizen dabei zu helfen, wenn diese sie mangels Erfahrung darum bitten. Also keine Angst vor abwertenden Kommentaren, falls man als Jungjäger unsicher ist und deshalb Hilfe beim Aufbrechen erbittet. Die wird gerne gewährt. Jeder hilft bei der Jagd schließlich jedem, der Hilfe braucht.

STRECKELEGEN UND BRUCHÜBERGABE

Nach der Rückkehr zum Sammelplatz im Anschluss ans letzte Treiben, und ggf. dem dortigen zentralen Aufbrechen, folgt mit dem Streckelegen und der Ehrung der Erleger der letzte aktive und sehr traditionsreiche Teil der Bewegungsjagd. Dabei wird das erlegte Wild in einer fest überlieferten Form abgelegt, bevor der Jagdherr eine Ansprache zum Verlauf des Jagdtages hält und den Jagdbeteiligten für deren Einsatz dankt.
Zum Abschluss werden den erfolgreichen Schützen die Erlegerbrüche überreicht und die Strecke verblasen. Wer, wo nötig, beim Legen des Wildes auf die Strecke mit anpackt, fällt dadurch sicher positiv auf ...
Auch beim Streckelegen ist es kein Fehler, sich aufmerksam dem Vorgehen und Verhalten der Mitjäger anzuschließen. Insbesondere bei den Ehrbezeugungen, wie der Abnahme des Jagdhutes oder der Mütze, beim Verblasen der Strecke und der Übergabe der Erlegerbrüche. Übrigens: Wer als

TIPP

Auf manchen Gesellschaftsjagden ist es ausdrücklich erwünscht, keine Waffen mit zum Streckenplatz zu nehmen. Wenn das nicht so ist, werden die Waffen natürlich vollständig entladen und – bei Wind und Wetter – mit geöffnetem Schloss oder abgeknickt getragen!

Bruchübergabe. Wer nichts falsch machen will, schaut es sich bei den anderen ab.

01

01 Auch Treibjagden auf Niederwild haben ihren ganz besonderen Reiz. Sie in allen ihren Formen darzustellen, würde allein ein ganzes Buch füllen …

02 Jagdende – die Strecke ist gelegt. Nach dem Resümee des Jagdleiters wird sie feierlich verblasen werden.

Jungjäger selbst als glücklicher Erleger geehrt wird, der nimmt den Bruch bitte mit dem Ausspruch „Waidmannsdank“ nach einem kräftigen Händedruck vom Jagdherrn mit der linken Hand an, bevor er den Bruch an die rechte Seite von Hut oder Mütze steckt. An der linken Hutseite wird nur der Trauerbruch anlässlich der Beerdigung eines Jägers getragen.

SCHÜSSELTREIBEN FÖRDERT DIE KAMERADSCHAFT

Anschließend wird häufig noch zu einem kleinen Umtrunk (Vorsicht beim Alkoholgenuss!) oder dem traditionsreichen Schüsseltreiben geladen. So lässt man gesellig die Jagd ausklingen und feiert zünftig sowohl Jagdherren, Erleger, wie auch die fleißigen Treiber und sonstigen Helfer. Das ist alles andere als ein „alter Zopf“ oder „überkommene Brauchtumsfolklore“, sondern ein überlieferter Abschluss des gemeinsamen jagdlichen Erlebnisses. Ein Jungjäger mit Interesse an Jagdkontakten und praktischem Lernen sollte sich dem nicht verwehren. Auch wenn er beim sogenannten „Jagdgericht“ vielleicht mal ob der ein oder anderen Unachtsamkeit humorvoll, aber keineswegs boshaft auf die Schippe genom-

02

men werden kann. Schadet ja nichts, im Gegenteil – die Lernkurve steigt.
Wer sich beim Schüsseltreiben als traditionsinteressierter Jagdnovize erweist und vielleicht sogar das jagdliche Liedgut aus voller Kehle und mit schiefer Stimme intoniert, findet weitaus leichter neue Jagdfreunde mit passenden Jagdgelegenheiten als derjenige, der sich introvertiert zurückzieht und solche Anlässe erkennbar verweigert. Jagd ist schließlich eine Passion mit Tradition und Kameradschaftsanspruch. Ausgeprägte Einzelgänger lassen also am besten von gemeinschaftsgeprägten Jagdgelegenheiten wie größeren Bewegungsjagden gleich die Finger und konzentrieren sich lieber auf Ansitz oder Pirsch – sie machen sich und anderen Jägern das Leben dadurch leichter.

GESELLSCHAFTSJAGDEN AUF NIEDERWILD

Wenngleich wohl seltener, wird mancher Jungjäger sicher auch Gelegenheit haben, an Gesellschaftsjagden auf Niederwild in allen ihren Schattierungen teilzunehmen. Als da sind: (Böhmische) Streife, Stand-, Vorsteh- und Kesseltreiben und ... und ... und ... Im Jungjägerkurs wurden sie ja alle behandelt.
Die verschiedenen Varianten und das Verhalten des Jungjägers hier zu beschreiben, würde den Rahmen dieses Buches aber vollkommen sprengen. Wir haben daher einige wichtige Tipps und Regeln auch für die Gesellschaftsjagd auf Niederwild in die Beschreibungen der Bewegungsjagd auf Schalenwild einfließen lassen.

WILDBRETGEWINNUNG

LEBENSMITTEL WILDBRET

Ziel und Ergebnis erfolgreicher Jagdausübung ist die Beute, das erlegte Wild. Es geht vor allem um wertvolles Wildbret, also um schmackhaftes und gesundes Muskelfleisch sowie Innereien. Natürlich auch um Trophäen wie Gehörn, Geweih, Keilerwaffen etc.

Die Gewinnung der meisten Trophäen sollten Jungjäger, so sie keine besonders hohe Affinität zum „Selbermachen“ haben, getrost Profis überlassen. Das Abkochen von Schalenwildschädeln zur Geweih- oder Gehörngewinnung in Küchenzeilen sowie das Abbalgen von Füchsen auf dem Balkon oder im Hobbykeller ist in städtisch geprägten Kleinfamilien eine visuelle wie sensorische Herausforderung für nicht jagende Angehörige – Lebensgefährten vorneweg. Schlichter formuliert: Es ist eine ziemlich zeitaufwändige Arbeit mit reichlich Gestank und Umfeldverschmutzungen, nicht verwertbare Tierabfälle inklusive. Zumal die Entsorgung von Fleischresten, Fellfetzen oder Knochen im kommunal betreuten Hausmüll dazu führen kann, dass Nachbarschaftsverhältnisse nachhaltig belastet werden oder die Müllabfuhr versehentlich die Kripo zur Klärung undefinierbarer Knochenfunde einschaltet.

Wer kann das in einer Stadtwohnung den Mitbewohnern zumuten …?

Auf dem Land mag man damit gelassener umgehen, aber wozu der Aufwand? Es gibt genug Tierpräparatoren, Kürschner und auch Fachleute, die sich darum kümmern, Trophäen – zum Teil für kleines Geld – präsentabel herzurichten.

JAGD – LEBENSMITTEL-PRODUKTION

Bei der Wildbretgewinnung aber muss jeder Jungjäger selbst Hand anlegen, das gehört einfach zur Jagd. Beginnend mit der roten Arbeit, dem Aufbrechen, Ausweiden

☞ WILDBRETAUFKOMMEN IN DEUTSCHLAND (JAGDJAHR 2014/2015)

WILDART	KG*	STÜCK
Rehwild	11.954.700	1.139.536
Rotwild	4.587.115	74.359
Damwild	2.052.750	62.521
Schwarzwild	20.390.940	520.623
Hasen	unbekannt	236.106
Wildkaninchen	unbekannt	241.036
Fasanen	unbekannt	113.914
Wildenten	unbekannt	394.842
Wildgänse	unbekannt	83.059
Tauben	unbekannt	542.340

**Abgerundetes Rohaufkommen in der Decke/Schwarte ohne Fallwild*

und häufig auch Zerwirken von Schalenwild bis hin zum Abbalgen und Ausweiden von Hase oder Kaninchen und dem Rupfen und Ausweiden von Federwild.
Jäger haben nach EU-Recht den Status von „Lebensmittelproduzenten“. Die Produktion an Wildbret durch die Jagd ist nicht unerheblich. Die Jahresstrecken der einzelnen Wildarten unterliegen naturgemäß gewissen Schwankungen. Ihre Größenordnung ist für das Jagdjahr 2014/2015 nach den Angaben des Deutschen Jagdverbandes in der Tabelle wiedergeben. Im fraglichen Jagdjahr betrug das Wildbret-Rohaufkommen allein an Reh-, Rot-, Dam- und Schwarzwild also knapp 39.000 Tonnen!

VOR DEM SCHUSS – „LEBENDBESCHAU“

Lebensmittelhygiene beginnt vor und mit dem Schuss. Schon beim Ansprechen entscheidet sich nicht selten, ob das Wild überhaupt verwertet werden kann. Der Jäger ist dabei gleichsam für die „Schlachttieruntersuchung“ oder ehemals „Lebendbeschau“ am Wild verantwortlich.
Deutlich abgekommenes Wild oder Wild mit Geschwüren oder Fellanomalien beziehungsweise auffälligem abnormem Verhalten ist zwar – als Hegeabschuss – dringend zu erlegen. Aber dann im besten Wortsinne „mit Vorsicht zu genießen“. Erlegen ja, aber danach ist bei allen „bedenklichen Merkmalen“, vor und nach dem Schuss, in jedem Fall eine amtliche Fleischuntersuchung zwingend, bevor es an die weitere Verwertung oder Entsorgung geht.

SAUBER SCHIESSEN („ERLEGUNG“)

Zur Gewinnung gesundheitlich unbedenklicher Lebensmittel aus dem Jagdbetrieb gehört zunächst ein guter Schuss, also eine handwerklich saubere Erlegung bzw. „Tötung“ des Wildes. Dazu zählen z. B. nicht Weichschüsse mit Verletzung des Magen-Darm-Kanals. Jungjäger, die sauber – das ist das Gegenteil von riskant! – schießen und lieber ein Stück Schalenwild, das nicht breit steht, pardonieren, handeln nicht nur waidgerecht, sondern auch im Sinne der Wildbretverwertbarkeit klug – möglicher Beuteerfolg hin oder her. Muss Wild wegen eines schlechten Schusses entsorgt werden, ist das neben der herben Enttäuschung für den Erleger auch eine Sünde an der sinnlos gestorbenen Kreatur.

UMSICHT IST PFLICHT

Aufmerksamkeit und Umsicht vor der Erlegung und höchste Hygiene bei der Versorgung des Wildes sind für jeden Jäger, Jungjäger inklusive, Pflicht und Verpflichtung.

Zur „Umsicht“ ein ganz simples Beispiel, auch wenn es nicht sonderlich appetitlich anmutet: Während der Ansitzjagd oder Pirsch macht sich schon mal die Blase oder der Darm bemerkbar. Und dann? Ab hinter den nächsten Baum oder ins Gebüsch und sich lösen. Bis dahin alles okay, nur fehlen dort leider Wasser und Seife zur anschließend notwendigen Reinigung der Hände. Über den folgenschweren Rest müssen wir nicht lange diskutieren. Was hilft der sauberste Kammerschuss, wenn die Hände danach beim Aufbrechen ohne Handschuhe mit dem Wildfleisch in Berührung kommen? Und das gerne zur Blattzeit-Primetime bei Sommertemperaturen von 25° Celsius aufwärts.

Eine derart in Kauf genommene Vermehrung von Kolibakterien auf dem Wildfleisch setzt ein Hygienedesaster in Gang. Deswegen die ebenso schlichte wie wichtige Empfehlung: Entweder direkt mit Handschuhen den „Wald-und-Wiesen-Lokus“ aufsuchen und/oder reichlich desinfizierende Hygienetücher danach benutzen. Frische Einweghandschuhe werden in jedem Fall übergezogen, wenn es an Fleisch oder Schweiß (Blut) des Wildkörpers geht.

ZEITNAH AUFBRECHEN

Vorausschauende Umsicht ist aber auch im Zusammenhang mit dem Wetter, vor allem in den Sommermonaten mit hohen Temperaturen, ein echtes Thema. Da sollte jeder Jungjäger ganz genau kalkulieren, wie

Die einwandfreie „Tötung“ des Wildes durch einen sauber an getragenen Schuss – hier symbolisch dargestellt – ist ein Gebot der Wildbrethygiene.

TIPP

Das sollte man sich klar machen: Bereits 20 Minuten nach dem Verenden des Wildes können Darmbakterien durch die Darmwand in die Körperhöhle wandern. Das muss nicht so schnell gehen, kann aber.

viel Zeit er vom Zeitpunkt der Erlegung im Revier hat, um das Wild aufzubrechen, auszuweiden und in der Decke in die notwendige Fleischkühlung der Wildkammer zu verbringen.
Morgenansitze mit Temperaturen unter zehn Grad sind noch vergleichsweise unkritisch, da kann man gerne mal um sechs Uhr einen Überläufer strecken, der dann zumindest gelüftet wird und im Schatten bei kühler Morgenluft noch zwei Stunden ausharrt, während man weiter sein Jagdglück versucht. An schwülwarmen Abendansitzen im Sommer heißt es nach der Erlegung von Schalenwild dagegen immer: nicht weiterjagen, sondern abbaumen und das Wild hygienegerecht versorgen.
Bei Bewegungsjagden im ebenfalls schon wieder kühleren Herbst oder Winter muss das Wild oft noch eine Weile unversorgt liegen bleiben. Da können dann nicht mal die Lüftungsschnitte angebracht werden, weil man seinen Standplatz nicht verlassen darf. Dass hier alles lebensmittelhygienisch korrekt läuft, ist aber Aufgabe der Organisatoren.

Sauberes Aufbrechen, möglichst im Hängen, ist für die Wildbretqualität ganz entscheidend.

ERSTUNTERSUCHUNG – „TOTBESCHAU"

Gerade Jungjäger haben anfangs zu wenig Erfahrung, um Krankheitsbilder erkennen und einschätzen zu können. Sowohl bei Auffälligkeiten des Wildes vor dem Schuss, als gerade auch bei Unklarheiten während des Aufbrechens – also bezüglich des Zustands von Organen oder anderer Teile des Wildkörpers – muss deshalb mindestens ein erfahrener Jäger hinzugezogen werden. Vier Augen sehen mehr als zwei (und zwei Köpfe verstehen mehr als einer). Der Jäger nimmt hier also die Fleischuntersuchung bzw. ehemals „Fleisch-" oder „Totbeschau" am erlegten Wild vor.
Soll das Wild ohne Kopf und Eingeweide an be- oder verarbeitende Betriebe abgegeben werden, muss der erstuntersuchende Jungjäger oder sein erfahrener Mitjäger zudem „Kundige Person" im Sinne des Lebensmittelrechts sein. Aber auch wenn es „nur" um vermeintlich unkritischeren Eigenverzehr geht, dürfen beim Lebensmittel Wildbret keine Kompromisse und Gesundheitsrisiken eingegangen werden.

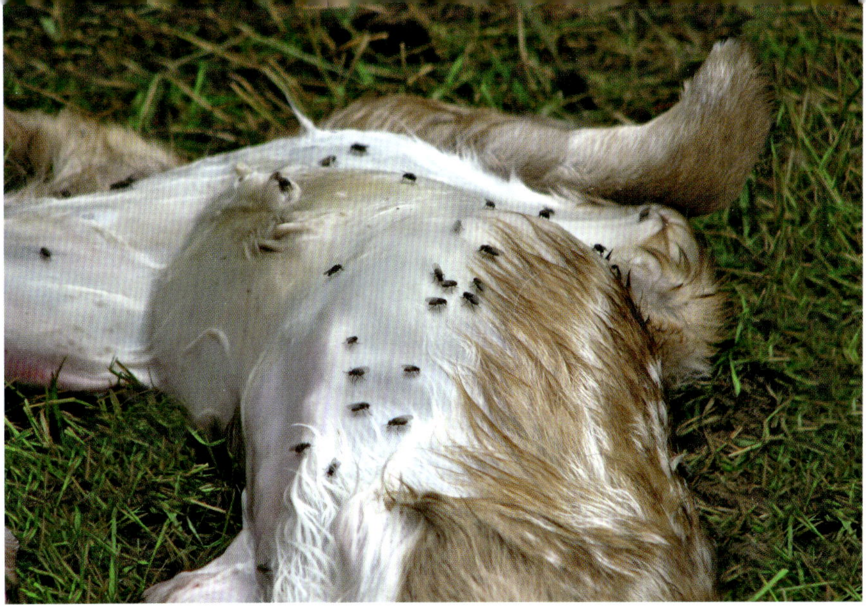

Fallwild ist unabhängig vom Zustand unverwertbar!

BEDENKLICHE MERKMALE NACH TIER-LMHV, ANLAGE 4, PUNKT 1.3.

1. Abnorme Verhaltensweisen oder Störungen des Allgemeinbefindens
2. Fehlen von Anzeichen äußerer Gewalteinwirkung (Schussverletzung) als Todesursache (Fallwild)
3. Zahlreiche oder verteilte Geschwülste oder Abszesse an inneren Organen oder der Muskulatur
4. Schwellungen an Gelenken oder Hoden, Leber oder Milz, Hodenvereiterung, Darm- oder Nabelentzündung, bei Federwild Entzündung des Herzens, Drüsen- oder Muskelmagens
5. Fremder Inhalt in Körperhöhlen, insbesondere aus Magen und Darm oder Harn, wenn Brust- oder Bauchfell verfärbt ist
6. Erhebliche Gasbildung im Magen-Darmkanal mit Verfärbung der inneren Organe
7. Erhebliche Abweichungen der Muskulatur oder Organe in Farbe, Konsistenz oder Geruch
8. Offene Knochenbrüche ohne unmittelbaren Zusammenhang mit dem Erlegen
9. Erhebliche Abmagerung
10. Frische Verklebungen oder Verwachsungen von Organen mit Brust- oder Bauchfell
11. Geschwülste oder Wucherungen im Kopfbereich oder an Ständern bei Federwild
12. Verklebte Augenlider, Anzeichen von Durchfall, insbesondere im Bereich der Kloake, Verklebungen und sonstige Veränderungen an Gefieder, Haut- und Kopfanhängen sowie Ständern bei Federwild
13. Sonstige erhebliche sinnfällige Veränderungen außer Schussverletzungen

01

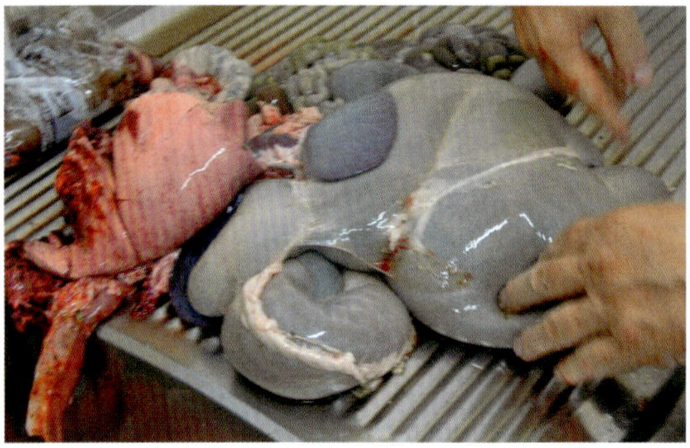

02

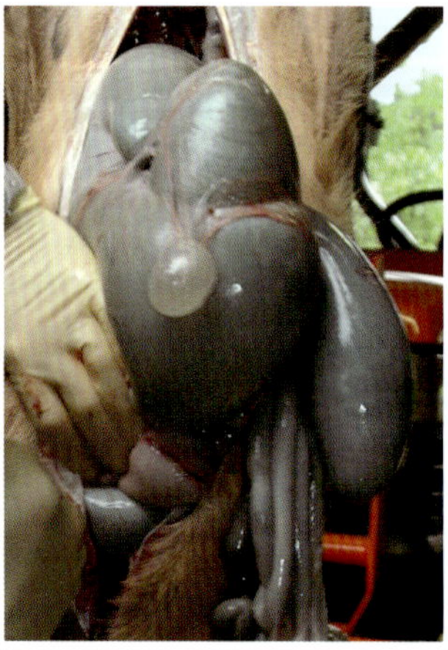

03

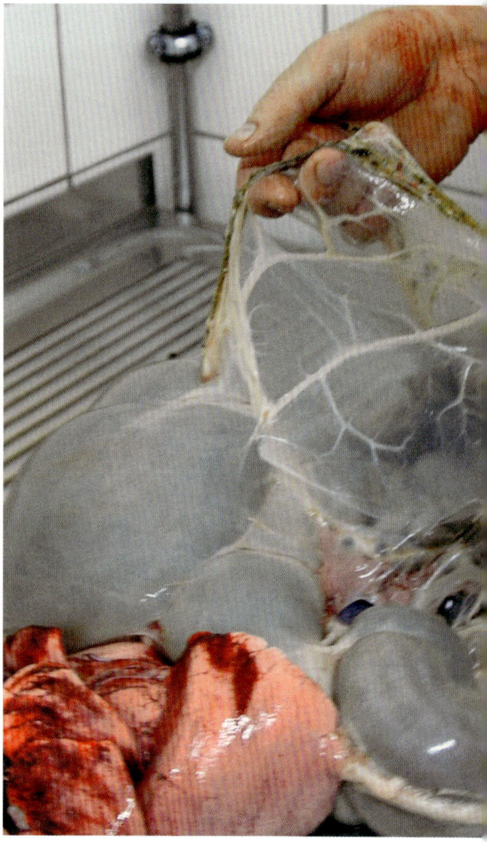

04

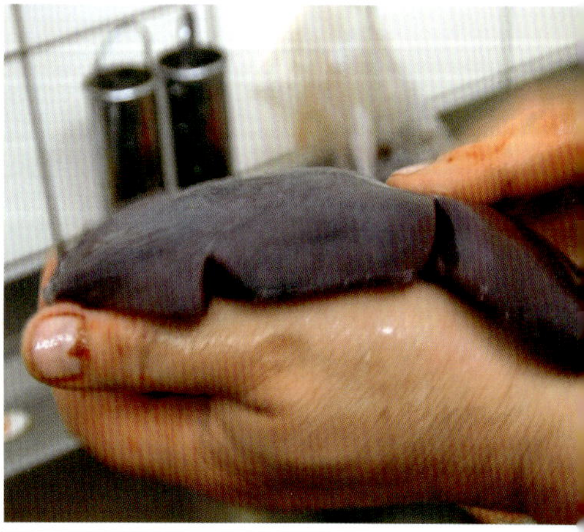

05

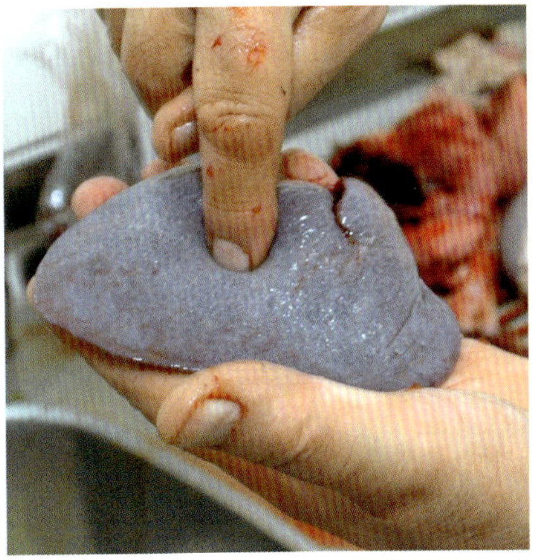

06

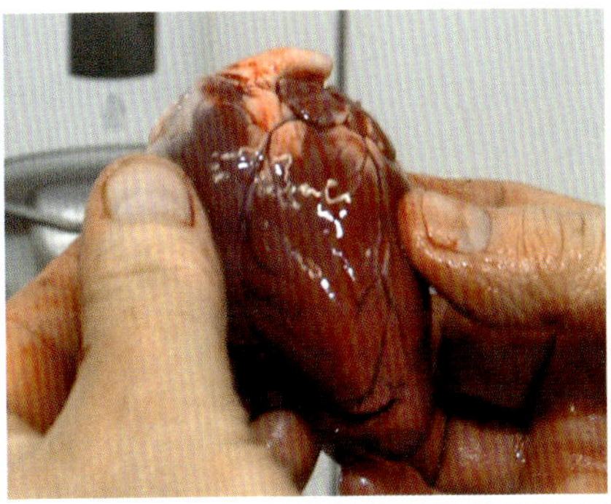

07

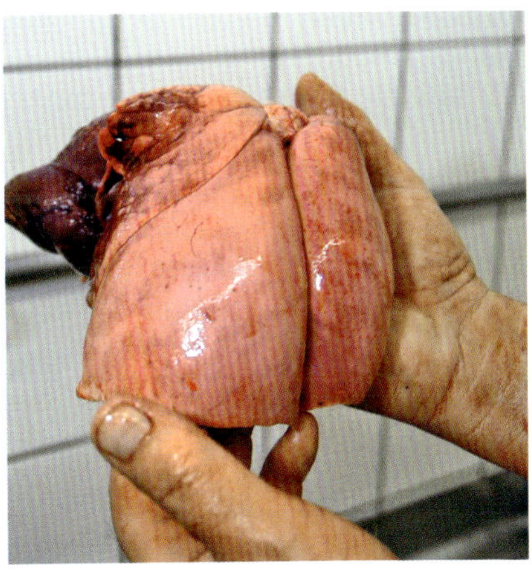

08

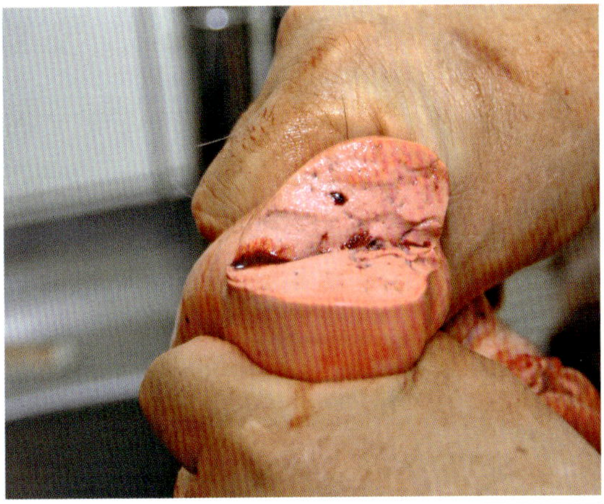

09

01 So sieht eine gesunde Rehniere aus.

02 Der gesunde Aufbruch eines Rehs

03 Deutlich erkennbar: eine Finne auf dem Pansen. Sie wird unschädlich beseitigt. Das Wildbret ist verwertbar, wenn keine weiteren bedenklichen Merkmale vorliegen.

04 Das Netz, das die Organe des „kleinen Gescheides" zusammenhält, ist frei von flüssigkeitsgefüllten Blaseneinschlüssen mit Parasitenlarven (Finnen).

05 Eine gesunde Rehleber: keine Einschlüsse und scharfrandig

06 Bläulich-graue Färbung bei gleichmäßig weicher, aber fester Konsistenz, etwas härter und auf der Oberfläche auch rauer als die Leber, aber ein ebenso scharfer, nur von leichten Unebenheiten gekennzeichneter Rand – eine gesunde Milz

07 Das gesunde Herz eines Rehs

08 Eine gesunde Rehlunge (die Blutungen oben links stammen vom Schuss)

09 Um einen Befall mit dem großen Lungenwurm festzustellen, wird ein Bronchiengang aufgeschärft. Die beweglichen Knäuel aus zwei bis drei Zentimeter langen Würmern würde man mit bloßem Auge sehen. Hier liegt kein Lungenwurmbefall vor.

AUFBRECHEN UND WEITER VERSORGEN

Vor dem Aufbrechen und Ausweiden des erlegten Wildes, der roten Arbeit, haben Jungjäger nicht selten große „Manschetten". Und das nicht, weil sie der Anblick von Blut sprich Schweiß in die Ohnmacht treibt. Unsicherheit oder gar Angst rühren aus der Befürchtung her, Fehler zu machen und sich zu blamieren.

Diese Sorge ist zwar absolut verständlich, aber in letzter Konsequenz völlig überflüssig. Selbst für alte Recken der lodengrünen Zunft war das Aufbrechen, Ausweiden und Zerwirken stets ein längerer Lernprozess, mit zersäbeltem Keulenfleisch, Stichen und Schnitten ins Gescheide des Wildes und leider auch ins eigene Fleisch. Vielleicht ärgerlich, aber völlig normal. Erst Übung macht den Meister und das heißt: Je öfter man so etwas macht, desto besser wird das Endergebnis. Routine stellt sich ein, es geht immer leichter von der Hand. Wer von uns hat als Fahranfänger nicht schon x-mal beim Anfahren am Berg den Schaltwagen abgewürgt? Doch irgendwann saß das Ganze dann und war in Fleisch und Blut übergegangen. Ohne nasse Hände, Herumgefluche und Schweißperlen auf der Stirn. Versuchen Sie heute mal, Ihren Wagen in so einer Situation bewusst und gezielt abzuwürgen – es ist kaum noch möglich.

Und genau so, liebe Jungjäger, geht es Ihnen spätestens nach den ersten 15 bis 20 Stück selbst aufgebrochenem Schalenwild. Jeder Handgriff sitzt, versprochen. Nur Mut.

Keine Angst vor dem Aufbrechen! Meistens wird es schon im Jägerkurs einmal geübt.

Zur Lagerung von Wildbret benötigt man ein leistungsfähiges Vakuumiergerät.

LEHRFILME VIA KOSMOS PLUS APP

Um Jungjägerinnen und Jungjäger dabei zu unterstützen, geben wir Ihnen die wichtigsten Aufbrech- und Ausweidetechniken für eine ganze Reihe von heimischen Haupt-Wildarten in Filmen über die KOSMOS PLUS APP für Ihr Smartphone oder Tablet mit auf den Weg – als Dauerbegleiter und Praxisunterstützung im Revier und in der heimischen Wildkammer. Die einzelnen Filme können Sie je nach Bedarf und Notwendigkeit auf Ihr Gerät herunterladen. Für die Bereitstellung des Filmmaterials danken wir dem Paul Parey Zeitschriftenverlag (DVD-Bezug: *www.pareyshop.de*) sowie den Landesforsten Rheinland-Pfalz (DVD-Bezug: *www.wald-rlp.de*).

Die DVDs „Wildbretgewinnung und -verwertung“ sowie „Nach dem Schuss und vor der Pfanne“ sind Quellen der Flimclips in diesem Buch und nützliche Ratgeber.

1. TEILVERSORGUNG VON SCHALENWILD (CODE 511)

Ein Stück liegt auf der Strecke und ein sofortiges vollständiges Aufbrechen ist nicht möglich. Damit das wertvolle Wildbret trotzdem nicht verloren geht, wird hier am Beispiel eines Stückes Damwild dargestellt, wie eine erste Teilversorgung, das sogenannte Lüften, funktioniert. Überprüfung auf Wildkrankheiten und bedenkliche Merkmale inklusive.

511 Erst- und Teilversorgung (Lüften) von Schalenwild im Revier (Bsp. Damwild)

512 Aufbrechen im Revier, übliche Methode: liegend mit Schlossöffnung (Bsp. Schwarzwild)

JAGDWAFFEN UND -OPTIK — PFLEGE UND HANDHABUNG

SAUBERE KUGELLÄUFE

Die beste Jagdausrüstung und vor allem Jagdwaffen sind nur so gut, wie man sie als Jäger pflegt! Nicht alles an externe Fachleute wie den Büchsenmacher delegieren, selbst Hand anlegen ist nötig! Waffenpflege ist jagdliche Ehrensache.

Fachleute in Anspruch zu nehmen, kostet Geld, die Fahrt zu ihnen zudem Zeit. Außerdem ist „Selbermachen" sowohl bei der Waffenpflege als auch dem Einschießen eine Art „jagdbegleitender Leistungsnachweis". Gerade die ordentliche Instandhaltung und Pflege der Jagdwaffen, Zielfernrohre und Ferngläser bereitet aber auch echte Freude. So etwas Grundlegendes zu beherrschen, macht unabhängig, stolz und zufrieden. Viele erfahrene Jäger nehmen zweimal jährlich, vor und nach der aktiven Jagdzeit, mit großem Vergnügen ihre Waffen-Schätze auseinander und unterziehen sie einer fürsorglichen Intensivpflege. Lohn dieser Arbeiten sind ein perfekter Erhaltungszustand, Wertbeständigkeit inklusive, und Zuverlässigkeit sowie reibungsloses Funktionieren im Jagdbetrieb.

DURCHZIEHEN DANN UND WANN

Natürlich sind die meisten Jagdwaffen so gut wie immer „ready for use", wenn man sich angewöhnt, den Lauf nach jeder Schussabgabe oder zumindest nach ein paar Schüssen mit etwas Waffenöl und einem Schnellreinigungsset von VFG oder einer der unter „Bore Snake" bzw. „Bore Blitz" oder „Quick Clean" bekannten Reinigungsschnüre mit eingearbeiteter Bronzebürste „auszufegen". Optisch sauber beim Blick durch den Lauf ist aber eben nicht immer auch perfekt arielrein.
Eine sachgemäße intensive Säuberung des Laufs verlangt jedenfalls deutlich mehr Liebe zum Detail und auch mehr Reinigungsaufwand.

Reinigungsschnüre oder „Bore Snakes"/„Quick Clean" sind nützlich, um den Lauf dann und wann schnell zu reinigen.

INTENSIVREINIGUNG

Wirklich alle Rückstände müssen spätestens dann – aber nicht nur dann – aus dem gezogenen Waffenlauf chemisch entfernt werden, wenn ein Kugellauf auf bleifreies „Munitionsfutter" umgestellt werden soll. Was gerade für Jungjäger immer häufiger notwendig wird, sobald sie im Staatsforst mit einer „bleiverwöhnten" Kugelwaffe waidwerken wollen. Denn dort ist der Einsatz bleifreier Jagdmunition inzwischen so gut wie überall Pflicht.

BERATUNG UND TIPPS

Der erste Schritt auf dem Weg zu einer qualifizierten Waffenpflege führt natürlich wieder zum Jagdausrüster, der Kauf der passenden Pflegeausrüstung ins Ladengeschäft oder den Onlineshop. Ein kurzer Abstecher zu den Internetseiten der Pflegemittel-Hersteller oder der Waffenhersteller mit ihren Tipps und Ratschlägen schadet nie. Manche Hersteller wie z. B. Blaser bieten nämlich auch werkseigene Pflege-

TIPP

Eine intensive Laufreinigung mit Putzstock, Vlies oder Werg auf einem Bürstenkopf sowie speziellem Laufreiniger ist kein übertriebener Aufwand. In einer Untersuchung der DEVA wurde nachgewiesen, dass Geschossabschmierungen an der Laufinnenwand die Geschossgeschwindigkeit beeinflussen und so zu mangelhaften Trefferlagen führen.

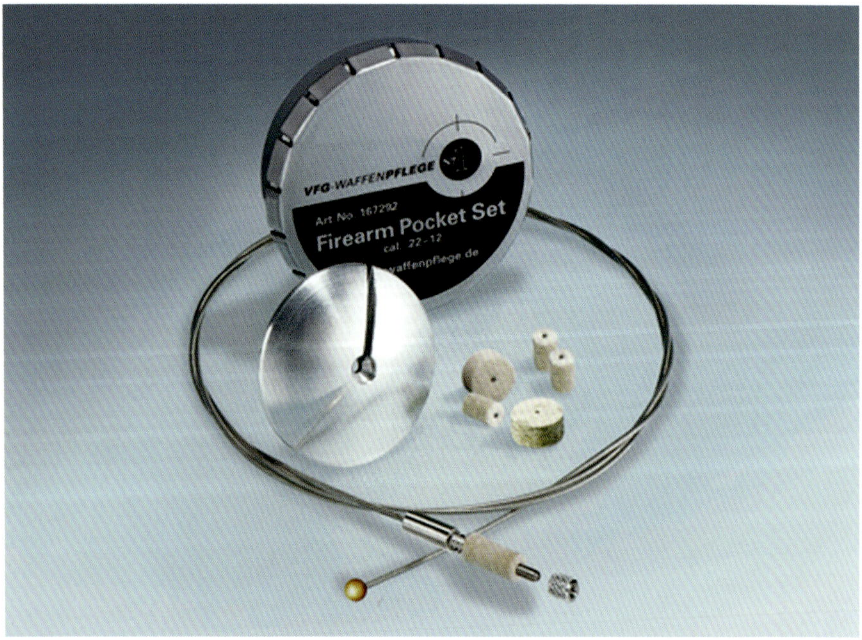

Egal ob Bore-Snake oder Pocket-Set mit Draht, zum Schnellreinigen geht beides.

SICHERHEIT HAT OBERSTE PRIORITÄT

Werden Waffen zu Hause gereinigt – was wohl die Regel ist–, muss das Thema Sicherheit ganz oben auf der Agenda stehen. Die Überprüfung des „Leerzustandes" der zu reinigenden Waffen vor der Arbeit muss eine Selbstverständlichkeit sein. Ebenso eine sorgfältige Prüfung des Laufes auf eventuell verbliebene Reinigungsreste an deren Ende. Sicherheit ist aber auch Thema hinsichtlich anwesender Familienmitglieder. Gerade Kinder haben bei der Waffenreinigung im Grunde nichts verloren. Und schon gar nicht, sobald man als Verfügungsberechtiger den Raum verlässt, in dem sich die Waffen befinden. Außerdem bitte immer nur eine Waffe nach der anderen „abarbeiten", während sich der restliche Bestand im verschlossenen (!) Waffenschrank befindet. Scharfe Munition hat bei der Waffenreinigung schon einmal gar nichts zu suchen, genauso wenig wie alkoholische Getränke zur vermeintlich notwendigen Stärkung.

mittel an. Unter den Pflegemittel-Herstellern bieten neben anderen Firmen vor allem www.waffenpflege.de, www.ballistol.de oder auch www.brunox.com nicht nur Produktwerbung in eigener Sache, sondern auch handfeste, gut bebilderte Infos und Tipps. Von den einschlägigen Anti-Korrosionsmitteln und Möbelpflege-Produkten aus dem Baumarkt oder vom Discounter sollte man allerdings auch als Jungjäger-Sparfuchs besser die Finger lassen. Hightech-Waffenstahl besteht nun mal aus anderem Material als ein Fahrradschloss aus Fernost oder ein Gartentor-Scharnier. Und die Belastungsproben, für die er in Top-Form gehalten werden muss, sind enorm. Aber auch ein edler, perfekt gemaserter Ölschaft hat deutlich mehr verdient, als mit einer 08/15-Fettsauce auf einem ausgemusterten Küchenlappen malträtiert zu werden.

VORBEREITUNGEN

Was wird gebraucht? Ruhe, Platz und eine vernünftige rutschfeste Unterlage, am besten eine großzügig bemessene Filzmatte. Dazu eine ausreichende Anzahl an Putzlappen, Putzstöcken und Bürsten oder Filzen sowie Reinigungsflüssigkeiten. Eine Kunststoffwerkbank mit Klemmbacken zum Befestigung der Langwaffe ist keine Pflicht, aber besonders hilfreich, wenn man seine Waffenreinigungen regelmäßig betreiben will.

Die Mutter aller Schlachten – und das kann man in Sachen Waffenreinigung fast wörtlich nehmen – ist aber ein vernünftiges Universalöl in der Sprühflasche. Es sollte nicht verharzen und weder Kunststoff- noch Holzschäfte angreifen. Das altbewährte und auf dem Stand der aktuellen Waffen-

TIPP

Was nicht unmittelbar zur Waffe gehört, also Zielfernrohr und auch Trageriemen, wird vor der Reinigung abmontiert. Besonders fest montierte Zielfernrohre, deren Demontage und Wiederaufsetzen eine Trefferveränderung befürchten lässt, müssen sorgfältig abgedeckt werden! Und Achtung: Jagdwaffen über das übliche, ohne Werkzeug mögliche Maß hinaus zu zerlegen, ist Sache des Büchsenmachers. Beim Drilling z. B. den Hinterschaft von der Basküle entfernen, womöglich noch die Schlosse zerlegen oder Schlagfedern auswechseln? – Finger weg!

technik gehaltene „Ballistol" von Klever oder das „Brunox-Turbospray" zählen wohl zu den bekanntesten Universalmitteln für sowohl Korrosionsschutz als auch Reinigung und Pflege aller Funktionsteile einer Waffe, Läufe inklusive. Kurze Einwirkzeiten, sichtbar gutes Ergebnis – passt perfekt!

REINIGUNGSMITTEL

Um die schichtweisen Ablagerungen aus Ruß- und Pulverrückständen sowie Kupfer- und Tombakablagerungen im Lauf wirklich gründlich zu entfernen, bedarf es eines speziellen chemischen Laufreinigers und ggf. eines Kaltentfetters. Spätestens an diesem Punkt ist Schluss mit dem Einsatz der netten Reinigungsschnüre, hier sind Putzstöcke und Aufsatzspitzen mit Filzen, Bronze- oder Messingbürsten oder auch Werghalter mit Werg gefordert. Bürsten – übrigens auch bürstenbewehrte Bore Snakes – werden immer (!) vom Patronenlager her in Richtung Mündung durch den gezogenen Lauf geschoben und keinesfalls umgekehrt! Und dies solange, bis der Filzkopf auf dem Putzstock oder das Werg keine Verfärbungen mehr zeigt. Nach der Anwendung eines ammoniakhaltigen Laufreinigers sollte unbedingt noch mit einem mit Waffenöl getränkten Filz zum Neutralisieren und Konservieren nachgearbeitet werden. Das stellt wieder den nötigen Schutz vor Rostbildung her.
Im Übrigen sind bei jedem Qualitäts-Reinigungsmittel, egal ob Universalöl oder Laufreiniger, in einem beiliegenden „Waschzettel" Art und Umfang des Einsatzes detailliert beschrieben. Wer seinem Waffenlauf etwas besonders Gutes tun will, so die Herstellerangaben, der legt sich für moderne Kugelbüchsen einen Laufreiniger mit Keramik-Additiv und Filze mit Messingfasern für seine Putzstöcke zu.

CHEMISCH EINMAL JÄHRLICH

Schon ein Munitions- oder Chargenwechsel kann eine gründliche Laufreinigung zur Sicherstellung der gewohnten Trefferlagen erforderlich machen. Eine intensive „chemische" Laufreinigung reicht bei normaler Jagdaktivität aber einmal jährlich. Experten raten übrigens zu einer chemischen Laufreinigung, in Abhängigkeit von der Munition – ein Geschoß schmiert mehr, ein anderes weniger – nach ca. 40 bis 200 Schuss. Sie ist aber dann zwingend geboten, wenn es konkret um eine Umstellung auf bleifreie Munition geht.

LÄUFE ÖLEN UND ENTÖLEN

Nach einem Schuss ist das Innere eines Kugellaufs infolge der Pulververbrennung absolut trocken und entölt, damit also rostanfällig. Vor jeder längeren Aufbewahrung müssen die Läufe zum Schutz vor Rost wieder mit einem leichten Ölfilm versehen werden. Vor jedem Gebrauch müssen eingeölte Läufen aber wieder entölt werden, es besteht sonst die Gefahr eines „Ölschusses" mit abweichender Trefferlage! Wenn Sie am Abend jagen und am nächsten Morgen wieder, braucht der Lauf nicht gereinigt oder geölt zu werden. Hier genügt ein Abreiben der Waffe mit einem Öltuch.

Waffenpflege-Set für die Laufreinigung

Bore-Snake im Einsatz

Der Reinigungsfilz wird auf die Aufsatzspitze des Putzstocks gesteckt und von hinten durch den Lauf geschoben.

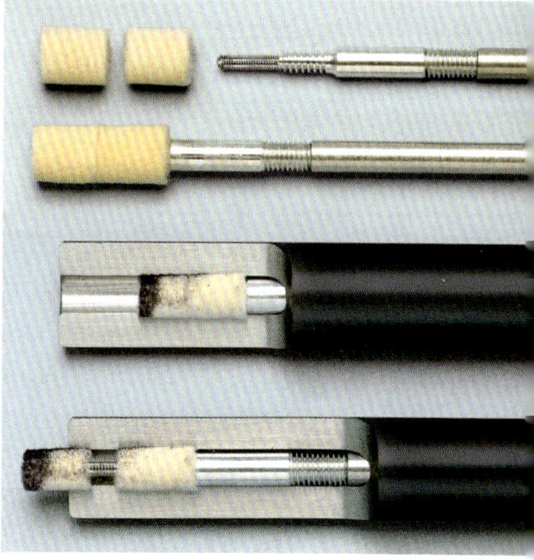

Vergleich an der Mündung: Erst wenn die Filze verfärbungsfrei sind, ist der Lauf wirklich sauber.

Egal ob Filze oder Bürsten auf den Putzstock geschraubt sind - immer vom Patronenlager Richtung Mündung durch den Lauf schieben. Und nicht zurückziehen!

Nur beste Reinigungsmittel aus dem Waffen-Fachhandel garantieren erstklassige Reinigung und Pflege.

Ölschäfte brauchen liebevolle Pflege, die aber bitte nicht mit Möbelpolitur.

NICHT NUR DAS LAUFINNERE

Neben dem Laufinneren sind natürlich auch die weiteren Metallteile der Waffe regelmäßig mit Waffenöl und einem fusselfreien Lappen sowie schwer zugängliche Stellen mit Wattestäbchen zu reinigen und pflegen: also Schlosse, Kammern, Verriegelungs- und Sicherungssysteme, Verschlussköpfe, Patronenzuführungen, Abzugseinheiten und Magazinkästen oder Magazine. Und die Läufe auch von außen. Dies zahlt sich nicht nur zur Unterbindung von Rost aus, sondern insbesondere auch im Jagdbetrieb: Leichtgängigkeit aller Funktionsteile und geräuscharmes Repetieren und Sichern bzw. Entsichern sind dann gewährleistet.

TIPP

Nach einer gründlichen chemischen Laufreinigung sind einige Probeschüsse auf dem Schießstand zur Prüfung von Treffpunktlage und Präzision anzuraten! Das gilt vor allem, wenn es mit einer anderen Munition, und gar bleifreier, weitergeht.

SCHAFTPFLEGE

Zur Schaftreinigung und Pflege von Ölschäften wird, wie erwähnt, keine billige Möbelpolitur, sondern ein spezielles waffentaugliches Schaftöl der Pflegemarken-Hersteller eingesetzt. Und ausreichend Zeit eingeplant für mehrere Einwirk- und Politurvorgänge. Holz ist ein lebender Werkstoff und verdient daher besonders

TIPP

Einmal jährlich sollte jede Waffe dem Büchsenmacher zur „Wartung" überlassen werden. Bitten Sie den Profi, die Waffe komplett durchzuschauen und auf reibungslose Funktionalität zu prüfen und auch an den „entlegenen Ecken" vollständig zu reinigen.

aufmerksame Pflege und Konservierung! Also auch nur beste Qualität bei den dafür gewählten fusselfreien Putztüchern und Lappen!
Wer einen Synthetikschaft reinigen will oder muss, hat es da deutlich leichter: Küchentuch oder weicher Schwamm und warmes Wasser reichen! Abwischen, abtrocknen, fertig.

FERNGLAS UND ZIELFERNROHR

Viel mehr braucht es zur Reinigung und Pflege von Fernglas und Zielfernrohr übrigens auch nicht: einen feinen Pinsel, ein Mikrofasertuch und bei gröberen Verschmutzungen handwarmes, aber keinesfalls heißes (!) Wasser.
Achtung: Bevor bei der Reinigung Staub, Sand oder Dreck in die empfindliche Vergütung oder gar in Linsenglas gerieben werden und dort Kratzer hinterlassen, lieber zuerst das Fern- oder Zielglas mit einem kalten (!) Luftstrom aus einem Haarföhn sorgfältig abpusten, bevor zu Pinsel oder feuchtem Mikrofasertuch gegriffen wird!
Behandeln Sie die Linsen Ihrer Jagdoptik wie ein Profifotograf die Linsen seines teuersten Fotoobjektivs!

DER WAFFENSCHRANK IM KELLER

Korrosionsschutz für Jagdwaffen fängt schon im Waffenschrank an. Viele von uns haben ihren Waffenschrank nicht im Wohnzimmer stehen, sondern im Keller – und das hoffentlich unter den dafür waffenrechtlich geforderten Bedingungen. Im Keller ist es häufig deutlich feuchter als auf beheizten und gut belüfteten Wohnetagen. Feuchtigkeit macht selbst vor Panzertüren selten halt, sofern sie nicht komplett abgedichtet sind. Auf den Innenböden von in Kellern stehenden Waffenschränken einen handelsüblichen kleinen Granulat-Luftentfeuchter aus dem Bau- oder Supermarkt zu deponieren, empfiehlt sich! Die gesammelte Flüssigkeit muss natürlich regelmäßig geleert werden. Es ist verblüffend, wie viel Flüssigkeit sich im Luftentfeuchter – je nach Standort des Waffenschranks – schon in kurzer Zeit ansammelt. Manchen lässt sie über einen trockeneren Standort für den Waffenschrank nachdenken.

Die Vergütung der Linsen – sie erzeugt den Farbschimmer – darf bei der Reinigung eines Fernglases keinen Schaden nehmen!

EINSCHIESSEN UND FERNGLAS-EINSTELLUNG

Jungjäger sollten ihre Büchse nach Möglichkeit selbst einschießen. Waffe und Zielfernrohr müssen exakt auf den individuellen Schützen und sein Auge abgestimmt sein. Das geht mit den eigenen Anschlagsgewohnheiten los. Und mancher (Jung)Jäger weiß auch nicht, wie er eigentlich sein Fernglas korrekt einstellt …

Die Montage und Erstjustierung des Zielfernrohrs – inklusive der Einstellung des geeigneten Augenabstandes zum Okular – übernimmt der Büchsenmacher, einschließlich einem groben Einschießen und Einrichten der Waffe. Zum exakten Einschießen muss dann aber der Jäger selbst mit dem Gewehr auf den Schießstand.

EINSCHIESSEN AUF DEM SCHIESSSTAND

Auf der Schießanlage geht es wie folgt weiter: Zunächst wird für eine stabile und wiederholgenaue Waffenauflage gesorgt. (Sandsäcke, Bull Packs, Benchrest-Auflage.) Bei Repetierbüchsen wird der Verschluss entnommen, Kipplaufbüchsen werden abgekippt. Dann werden die Waffen mit dem Blick durch den Lauf auf das Zentrum der Scheibe (meist in 100 Meter Entfernung) eingerichtet. Die Scheibe soll in der Laufmitte erscheinen.

GROBE ERSTVERSTELLUNG

Die Waffe wird in dieser Stellung gehalten. Sie darf nicht mehr verändert werden. Durch das Zielfernrohr schauend, wird das Absehen auf den Haltepunkt des Laufes auf der Scheibe verstellt. Der Turm zur Höhenverstellung befindet sich bei den meisten Zielfernrohren auf der Oberseite des Rohrkörpers, die Seitenverstellung daneben an der rechten Seite des Zielfernrohres.

Zur Kontrolle wird während der klickweisen Verstellung des Absehens wiederholt durch den Lauf auf die zentrierte Scheibe gesehen. Steht das Absehen in der Scheibenmitte, wird der erste Schuss in aller Regel bereits auf der Scheibe liegen.

Vergessen werden darf natürlich nicht, das Bild zuvor mit dem Dioptrieneinstellring am Okular scharf einzustellen.

TIPP

Bei europäischen und inzwischen auch den meisten weltweiten Herstellern entspricht ein Klick an der Höhen- und Seitenverstellung des Zielfernrohrs einem Zentimeter Treffpunktlagenänderung auf 100 Meter. Bei amerikanischen Herstellern ist ein Klick weniger, je nach Hersteller unter Umständen nur 3,6 Millimeter auf 100 Meter. Also auf die Herstellerangaben achten!

Höhen- und Seitenverstellung am Zielfernrohr. Bei europäischen Herstellern bedeutet ein Klick einen Zentimeter Treffpunktänderung auf 100 Meter.

EINSCHIESSHALTUNG

Eine vernünftige Einschießhaltung ist das A und O. Sie sollten sich Jungjäger für ihre hoffentlich regelmäßigen Schießstandbesuche (insbesondere nach intensiven Laufreinigungen oder beim Munitionswechsel) gleich richtig angewöhnen.

TIPP

Immer wieder kommt es vor, dass Schützen mit Hilfe der Dioptrieneinstellung des Zielfernrohrs die Scheibe scharf einstellen. Das ist aber falsch: Nicht das Ziel, sondern das Absehen des Zielfernrohrs muss scharf gesehen werden und entsprechend eingestellt werden. Die Scheibe darf durchaus eine leichte Unschärfe aufweisen.

Dazu kann man sich vom Schießwart des jeweiligen Schießstandes die passenden Haltungstipps holen oder wie folgt verfahren: Bitte weder verkrampft noch in stabiler Seitenlage wie hingegossen auf dem zuvor höhenregulierten Schießhocker Platz nehmen, sondern sich bequem und so sicher einrichten, dass man nicht beim ersten Schuss, insbesondere beim Einschießen schwererer Büchsenkaliber, durch den Rückstoß im Wortsinne „vom Hocker gehauen" wird. Dazu wird der Vorderschaft mit der (bei Rechtsschützen linken) Haltehand vor der Benchrest-Auflage bzw. dem Sandsack oder den Bullpacks – sie befinden sich etwa im Bereich des Patronenlagers – umfasst. Die Waffe wird fest in die Schulter gezogen. Die Abzugshand ruht auf einer stabilen Unterlage und übt keinerlei Druck auf die Waffe aus. Die Halt-

Eine korrekte und immer gleiche Haltung muss sich jeder Jungjäger von Anfang an angewöhnen. Dann klappt es mit dem Einschießen.

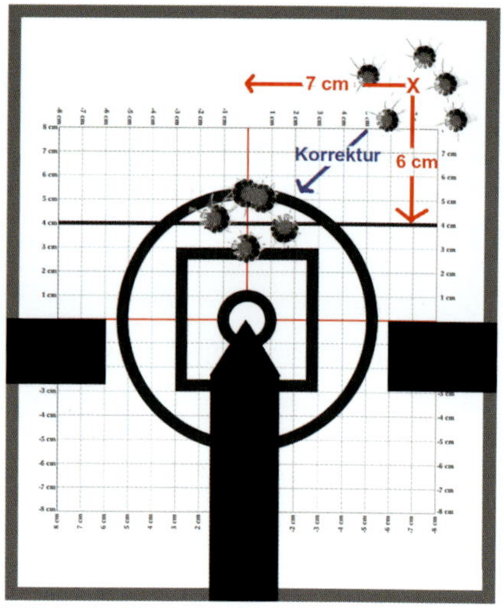

Nach Korrektur zeigt das zweite Schussgruppenzentrum 4 cm Hochschuss. Bis zur GEE passt es jetzt in der Praxis immer.

ehand kann auch den Hinterschaft im Bereich der Schaftunterseite, in Höhe der Backe, des auf dem zweiten Sandsack ruhenden Hinterschaftes umfassen und von dort aus den Schaft in Richtung Schulter stabilisieren. Entscheidend ist, sich wiederholgenau einzurichten und den Schaftabschluss fest in die Schulter zu ziehen, um den Rückstoß abzufangen. Beim Schuss heiße es: Das Zielfernrohr richtig „ausleuchten", ruhig abziehen, nur der Schießfinger bewege sich, nicht die ganze Hand. Bei steter Druckverstärkung auf den Abzug muss sich der Schütze vom Schuss „überraschen" lassen.

TIPP

Achtung: Beim Schießen darf die Haltehand am Vorderschaft keinesfalls Lauf oder Laufbündel und Schaft zusammenpressen. Ebenso falsch ist es, mit dieser Hand auf die Oberseite des Zielfernrohrs zu drücken. Dies führt unweigerlich zu Prellen mit Treffpunktverlagerung oder gar Fehlschüssen.

SCHUSSBILD UND SCHUSSGRUPPEN

Wer unseren Ausführungen soweit gefolgt ist und den ersten Schuss auf der Scheibe findet, ergänzt ihn um weitere vier Schuss. Damit haben wir eine Gruppe aus insgesamt fünf Schuss geschossen. Deren „Löcher" sollten, wenn ruhig und konzentriert geschossen wurde, relativ nah beisammen liegen. Jeder Schütze kann mit den heutigen Waffen und Munition einen Streukreis von vier bis maximal fünf Zentimetern bei fünf Schuss zu Wege bringen. Gelingt das nicht, muss weiter geübt, der Lauf chemisch gereinigt oder die Schussleistung vom Büchsenmacher überprüft werden.

FEINJUSTIERUNG

Dann wird die Abweichung des Schussgruppenzentrums vom Zielpunkt gemessen. In der Abbildung S. 130 sind es sieben Zentimeter rechts und sechs hoch. Jetzt wird das Absehen auf das Schussgruppenzentrum verschoben: im Beispiel durch Drehen der Seitenverstellung um sieben Klicks nach links und der Höhenverstellschraube um sechs Klicks, auch nach links. Die nächste Serie aus fünf Schüssen sollte dann wie gewünscht sitzen. Die Waffe ist damit, in unserem Beispiel auf GEE mit vier Zentimetern Hochschuss auf 100 Meter, eingeschossen. Beim Einschießen an Munition sparen zu wollen, wäre verkehrt. Denken Sie beim Schießen daran, dass je nach Waffe, also z. B. bei einem Drilling mit fest verlöteten Läufen, der Kugellauf zwischen den Schüssen immer wieder ausreichend abkühlen muss.

EINSCHIESSEN IM REVIER

Oft genug passiert es jedem Jäger, Jungjäger inklusive, dass während der Jagdausübung das Zielfernrohr irgendwo aneckt, die Waf-

TIPP

Viele Schützen geben beim Einschießen nur einen Schuss ab und beginnen sofort, an der Absehenverstellung herumzudrehen. Dies ist falsch, denn nur ein Schuss ist ein Zufallstreffer. Nur aus einer Schussgruppe von fünf Schuss ergibt das Zentrum dieser den tatsächlichen Treffpunkt.

GEFRAGT: „BEHARRUNGSVERMÖGEN"

Hat man sich einmal für einen bestimmten Munitionstyp entschieden, sollte man dabei bleiben und sich davon einen größeren Vorrat aus ein und derselben Produktionscharge zulegen – Büchsenmunition kennt so gut wie kein Verfallsdatum. Nur dann kann man sich der Wiederholgenauigkeit seiner Büchse sicher sein. Nach einem Munitionsneukauf oder gar -wechsel muss die Waffe auf dem Schießstand wieder mit einem kompletten 5er-Schussbild neu eingeschossen werden.

DAS JUSTIEREN DES ZIELFERNROHRES AUF DER WAFFE

Die Waffe schießt tief:
Schusskorrektur nach oben, in Richtung „H" der Markierung am Zielfernrohr, also Drehen des Höhenverstellrädchens im Uhrzeigersinn (nach rechts).

Die Waffe schießt hoch:
Schusskorrektur nach unten, also Drehen des Höhenverstellrädchens im Gegenuhrzeigersinn (nach links).

Die Waffe schießt links:
Schusskorrektur nach rechts, in Richtung „R" der Markierung am Zielfernrohr, also Drehen des Seitenverstellrädchens im Uhrzeigersinn (nach rechts).

Die Waffe schießt rechts:
Schusskorrektur nach links, also Drehen des Seitenverstellrädchens im Gegenuhrzeigersinn (nach links).

Steht ein Anschusstisch in einer Reviherecke, ist das ideal!

fe auf oder gar von der Kanzel herunterfällt oder man schlicht beim Ein- oder Aussteigen das Zielfernrohr am Türrahmen des Autos anschlägt. Modernen Büchsen, vor allem solchen mit flach verbauten Herstellermontagen, machen kleine Rempler nichts mehr aus, das Zielfernrohr sitzt bombenfest, die Trefferlage ist unverändert präzise. Aber wer ist sich da schon absolut sicher? Jeder verantwortungsvolle Jäger verzichtet auf Risikoschüsse auf die lebende Kreatur. Ein Probeschuss zur Absicherung der Zielgenauigkeit muss her, sonst wird, mit dieser Waffe jedenfalls, nicht weiter gejagt.

IN DIE SPEZIELLE „REVIERECKE"

In fremden Revieren kann man sich nicht einfach ein ruhiges Eckchen suchen und dann mal munter probeschießen. Dafür hat so gut wie jedes Revier eine genau bestimmte Stelle, die eine Schießmöglichkeit auf die notwendigen 100 Meter Entfernung mit sicherem Kugelfang bietet. Meist weit abseits von den Einständen des Wildes sowie etwaigem Jagdgeschehen. Eine selbstgefertigte Zielscheibe aus Karton oder besser noch Einschießscheibe ist obligatorisch. Ist die Waffe neu eingeschossen, kann man beruhigt und zielsicher weiter waidwerken.

FERNGLAS-HANDHABUNG

Die richtige Bedienung eines Fernglases will gelernt sein: Zunächst unterscheiden wir neben der jagdlich ganz irrelevanten Anordnung der Linsen (Porro- und Dachkantprismen) zwischen Einzelokulareinstellung und Mitteltrieb.

MITTELTRIEB – BESSER ALS EINZELOKULAREINSTELLUNG

Die Einzelokulareinstellung funktioniert wie bei einem Fotoapparat (einfache Box), an dem die Entfernung nicht einstellbar ist, sondern immer auf „Unendlich" steht. Klingt im ersten Moment nicht schlecht, aber in der Dämmerung und bei schlechten Lichtverhältnissen, also für die Jagd, meist sehr unpraktisch. Warum? In der Dämmerung ändert sich unser Sehverhalten, und dieses können wir zu einem gewissen Grade mit dem Mitteltrieb „wegmogeln". Die meisten Jäger stellen am Abend bei noch gutem Licht das Fernglas auf ein bestimmtes Objekt scharf. Alles prima. Blickt man aber eine halbe Stunde später, die Dämmerung ist fortgeschritten, wieder durch das Glas: alles unscharf. Also mit dem Mitteltrieb nachjustieren, alles gut, alles bestens. 20 Minuten später das Gleiche wieder! Und wieder nachstellen ... So ein

Ausgleich der menschlichen Sehschwäche lässt sich mit einer Einzelokularverstellung nicht so ohne weiteres vornehmen. Deshalb: für die Dämmerung immer ein Fernglas mit Mitteltrieb.

EINSTELLUNG BEI MITTELTRIEB

Doch so ein Fernglas will richtig bedient sein: Nach dem Kauf eines neuen Fernglases wird zunächst das rechte Okular mit einem Tuch abgedeckt. Dann wird das linke Auge des aufgelegten Fernglases auf einen Maschenzaun in ca. 80 Metern Entfernung über den Mitteltrieb scharf eingestellt. Das rechte Auge darf dabei nicht zugekniffen werden, weil das auch die Sehleistung des linken Auges beeinträchtigen würde.
Jetzt kommt das Tuch auf das linke Okular. Mit dem rechten Auge wird durch das rechte Okular geschaut und mittels dessen Dioptrieneinstellung der Maschendraht scharf gestellt. Den abgelesenen Wert, z. B. –1,5, merken wir uns gut. Er wird beim nächsten Fernglaseinsatz an der Dioptrieneinstellung wieder eingestellt – und das Bild lässt sich nun für beide Augen mit dem Mitteltrieb auf unterschiedliche Entfernungen gestochen scharf einstellen. Ist das Bild nicht kreisrund, muss das Fernglas bewegt und der Augenabstand zwischen linkem und rechtem Auge durch Auseinanderziehen oder Zusammendrücken der beiden Fernrohrkörper korrekt eingestellt werden. Jetzt sind Jäger bzw. Fernglas „betriebsbereit".

VERTRAUT WERDEN

Nun muss der Jäger noch mit dem Glas vertraut werden, genau wie mit seinen Jagdwaffen. Beim Fernglas geht das aber einfacher: Mit bloßen Augen präge man sich ein Objekt in 40 bis 50 Metern Entfernung gut ein und verändere dann Kopf- und Körperhaltung nicht mehr. Die Augen werden geschlossen, das Fernglas wird angesetzt. Nach dem Öffnen der Augen muss das ausgewählte Objekt mitten im Gesichtsfeld auftauchen. Wenn das nicht so ist: üben, üben, üben ... Und wenn es klappt, kommt Übung Nr. 2: Das Licht soll gut sein, Schwalben streichen in einer Entfernung bzw. Höhe von ca. 30 Metern. Fernglas hoch, eine Schwalbe aufnehmen und die Verfolgung nicht mehr aufgeben. Bis das klappt, wieder: üben, üben, üben ...

ZUM SCHLUSS

SICHERHEIT KENNT KEINE GRENZEN

Zum Ende dieses Kapitels können wir nur jedem Jungjäger dringend dazu raten, vor

Die Einstellung eines Mitteltriebfernglases und der vertraute Umgang damit wollen geübt werden.

allem bei der Handhabung seiner Jagdwaffen nie nachlässig zu werden oder in vereinfachende Routinen zu verfallen. Der Mensch ist ein „Bequemlichkeitstier" und das macht ihn manchmal sehr gefährlich. Für sich und andere.

Wird eine Feuerwaffe in die Hand genommen, muss das komplette Sicherheitsprogramm abgespult werden. Exakt so, wie sie es im Jagdscheinkurs vermittelt bekommen haben. Von der Sicherheitsüberprüfung mit Laufkontrolle und Ladungsüberprüfung auf dem Weg vom und wieder in den Waffenschrank über die Überprüfung von Spannungs- und Sicherungszustand während der Jagd bis hin zum Stecher oder dem Laufumschalthebel bei kombinierten Waffen. Unverzichtbar ebenfalls während der Jagd und das Mantra des Waidmannes vor jedem Schuss: „Ziel erkannt und angesprochen, Hintergelände frei, natürlicher Kugelfang vorhanden!" Ganz wichtig also immer die Frage: Was macht mein Geschoss, wenn ich vorbeischieße, was können meine Geschossreste, die den Wildkörper durchschlagen, noch anrichten?

Dass man zusätzlich Menge und Zustand der bei der Jagd mitgeführten Munition prüft, gehört zwingend dazu. Oft genug haben Spaziergänger vollbestückte Magazine oder lose Schrotpatronen, die aus Manteltaschen gefallen oder bei der Abfahrt aus dem Revier von Autodächern gekullert sind, eingesammelt und bei örtlichen Polizeidienststellen unter Anzeigeerstattung abgegeben. Die Rückverfolgung solcher Hinterlassenschaften zu den fraglichen unzuverlässigen Jägern ist dann ein Kinderspiel – den Rest kann man sich denken!

EIN BISSCHEN SCHWUND IST IMMER? SO NICHT!

Wer nach der Jagd in der Jagdhütte bzw. am Sammelplatz oder gemütlichen Teil feststellt, dass die Ausrüstung nicht mehr ganz komplett ist, d. h. Munition oder zum Beispiel eine Kurzwaffe verloren gegangen ist, muss das ohne jeden Zeitverzug sofort dem Revierinhaber oder dem Jagdaufseher mitteilen. Keinesfalls heimlich später selber nachsuchen oder nach dem Motto „Ist ja nur Munition, die findet schon keiner im Gras oder Unterholz" bewusst ganz ignorieren. Wenn so etwas rauskommt, gibt es zu Recht einen Höllenärger. Und bereitet dem Revierinhaber zusätzlichen Verdruss. Also: Rückgrat zeigen und konstruktiv an der Problemlösung mitarbeiten! Nur so geht es. Und meist finden sich die Verluststücke bei gemeinsamer Suche ganz schnell und alles ist wieder in Ordnung.

SCHIESSTRAINING IST SCHLICHTWEG GEBOT

Abschließend können wir jedem Jungjäger nur eindringlich ans Herz legen, seine Schießfertigkeiten auf dem Laufenden zu halten und permanent weiterzuentwickeln. Regelmäßige Schießstand- und Schießkinobesuche zur Übung des jagdlichen Schießens müssen zur Selbstverständlichkeit werden. Trainiert werden müssen auch immer alle Varianten des Schießens: auf feststehende Ziele im Sitzen, Liegen oder Stehen und vor allem auch auf bewegliche Ziele. Jeder Jungjäger, jeder Jäger sollte an Schießterminen und jagdlichen Schießveranstaltungen seines Hegerings und seiner Kreisgruppe so regelmäßig wie möglich teilnehmen und sich das ruhig etwas Munition kosten lassen.

Ein guter, sicherer Schütze ist ein waidgerechter Jäger und eine erstklassige Referenz

Die Waffen sind abgeknickt – nur wer stets oberste Sicherheit walten lässt, wird ein Jägerleben lang unbeschwert jagen können. Noch besser wäre es hier allerdings, wenn der jüngere Jäger die gebrochene Waffe mit der Laufmündung nach hinten trüge. Dann bräuchte der ältere Jäger nicht in die Mündung zu schauen, wenn er sein „Waidmannsheil" mit dem dabei üblichen Handschlag ausspricht.

für unseren positiven gesellschaftlichen Stand. Der Lohn der Mühe ist eine tierschutzgerecht erlegte und auch verwertbare Jagdbeute – und gerade für Jungjäger auch der Zugang zu zahlreichen neuen Jagdgelegenheiten. Gute Schützen sind sowohl bei der Einzeljagd als auch bei Gesellschaftsjagden gesuchte und geschätzte Jagdgäste und Mitjäger!

In diesem Sinne: Gut Schuss und Waidmannsheil!

SERVICE

Zum Schluss der Buches noch ein paar nützliche Tipps zu lehrreichen Kurs- und Seminarangeboten, interessanten Homepages und Apps sowie Buchempfehlungen. Natürlich ohne Anspruch auf Vollständigkeit ...

BÜCHER

Die Fülle der Jagdliteratur reicht vom Fachbuch über spannende und dabei auch lehrreiche Unterhaltungsliteratur bis zu wunderschönen Geschenkbänden. Wir als Autoren lieben viele dieser Bücher, insbesondere Erzählungsklassiker wie Freverts *„Mein Jägerleben"* vom Kosmos-Verlag. Wir müssen uns hier auf einige besonders nützliche Sachbücher beschränken, die Jungjägern erweitertes Basiswissen vermitteln.

KOSMOS-VERLAG

Siegfried Seibt: Grundwissen Jägerprüfung (das umfassende Standardwerk ist auch als E-Book erhältlich)

Walter Frevert: Jagdliches Brauchtum und Jägersprache

A. Fichtlmeier, J. Numßen: Die Ausbildung des Jagdhundes

Gert G. von Harling: Schwarzwild erfolgreich bejagen

Christof Janko, Konstantin Börner: Fuchsjagd

Norbert Klups: Jagdwaffenkunde

Frank Martini: Wildbretgewinnung nach neuem Lebensmittelrecht

Ekkehard Ophoven: Kosmos Wildtierkunde (mit Tierstimmen-CD)

Jörg Rahn: Ansitzeinrichtungen selbst gebaut

WEITERE VERLAGE

Peter Burkhard: Das Waldrevier (Müller Rüschlikon)

Bruno Hespeler: Vor und nach dem Schuss (blv)

Carsten Bothe, Jens Kollmorgen: Wildverwertung praktisch (Müller Rüschlikon)

Peter Schäfer: Schießen mit der Büchse (Müller Rüschlikon)

Bruno Hespeler: Jung oder alt? (blv)

Gerold Wandel: Reviereinrichtungen selbst bauen (blv)

KURSE UND SEMINARE

Sowohl die Zeitschrift *„Wild und Hund"* wie auch deren Schwesterpublikation *„Deutsche Jagdzeitung"* bieten für ihre Abonnenten vergünstigte Veranstaltungs- und Seminarangebote, die sich – dann etwas teurer – auch für Nicht-Abonnenten lohnen. Hierüber kann man sich im Internet unter http://www.paulparey.de/seminar informieren oder in der aktuellen Heftausgabe blättern. Der Deutsche Jagdverband unterhält ebenfalls ein spannendes Seminar- und Veranstaltungsprogramm unter https://www.jagdverband.de/Termine. Neben dem Kurs- und Seminarangebot der einzelnen Landesjagdverbände, die man leicht im Internet findet, ist außerdem

auch als Veranstaltungsangebot die RWJ-Akademie in NRW interessant, mehr dazu unter https://www.rwj-akademie.de.

JAGD-APPS

Es gibt inzwischen eine Vielzahl von Jagd-Apps sowohl für Android- wie auch für iOS-(Apple-)Mobilgeräte – für Smartphones wie Tablets. Zu den besonders spannenden Angeboten zählen für uns diverse kostenlose *Kompass-Apps* und *Flashlight-Apps* als Mini-Taschenlampen, im klassischen Jagdbereich die *Jagdwetter-App* von www.jagdwetter.com. Auf der Internetseite selbst lassen sich auch ohne Download und Erwerb der App interessante Infos zu Wetterdaten, aktuelle Jagdzeiten sowie Mondkalender finden. Ebenfalls hochinteressant, weil sehr komplett, ist die kostenpflichtige App „*Revierwelt*" von „*Wild und Hund*". Genau wie die „*Jagdbegleiter*" von Michael Kircher. Lehr- und hilfreich sind die kostenpflichtigen Apps „*Rehwild ansprechen*" und „*Pirschzeichen*". Zusätzlich bietet der App-Verlag eine ganze Reihe hochinteressanter Jagd-Apps, von denen die Apps „*Jagdrechner*" und „*Blattjagd*" zu unseren Favoriten gehören. Jungjäger, die ihr Wissen regelmäßig auffrischen und auf Stand halten möchten, können das mit zwei kostenpflichtigen Apps des Kosmos-Verlages tun: mit der App „*Die Jägerprüfung*" von Autor Siegfried Seibt und/oder der App „*Jagdlexikon*" mit unerschöpflichem jagdlichen Ewigkeitswissen. Lehrreich gerade für Jungjäger sind außerdem die teils kostenlosen, teils kostenpflichtigen Apps der Serie „*Jagdwissen Seibt*".

Der App-Markt ist im permanenten Wandel und Wachstum: Jeder Jungjäger kann sich mit ein paar Klicks in den Stores der Anbieter unter Berücksichtigung der zum Teil sehr fundierten Produktkritiken seine eigene Meinung bilden und sich auf dem Laufenden halten.

Dennoch gilt: Im Revier Augen nach vorn statt nach unten auf Smartphone oder Tablet. An den Erlebniswert der echten Jagd kommt kein digitales Produkt heran. Und der beste Lehrmeister ist auch die Jagdpraxis selbst!

REGISTER

DIE AUTOREN

Siegfried Seibt, Wildmeister (DJV), leitet seit der Gründung seiner ersten Jagdschule vor mehr als 40 Jahren ein inzwischen bundesweites Netzwerk an Aus-und Fortbildungsstätten für Jagdscheinanwärter und Jäger. Als der Wegbereiter des privaten Jagdschulwesens zählt er zu den renommiertesten Jungjägerausbildern Deutschlands. Über 25.000 Lehrgangsteilnehmer hat er erfolgreich auf die Jägerprüfung vorbereitet oder jagdlich geschult. In der Jägerfortbildung war er über Jahre als Leiter der Landesjagdschule des Bayerischen Jagdverbandes maßgeblich an deren Aufbau und Entwicklung zu einer der bis heute führenden jagdlichen Ausbildungseinrichtungen beteiligt. Neben seinem Lehrbuch-Bestseller „Grundwissen Jägerprüfung" sind auch das Buch „Die Jägerprüfung in Frage und Antwort" sowie seine digitalen Angebote zu Prüfungsvorbereitung ebenfalls überaus erfolgreiche und bei Jagdscheinanwärtern sowie jagdlichen Ausbildern beliebte Lernhilfen.

Rolf Deilbach, einer der ehemaligen Jagdschüler von Siegfried Seibt, ist hauptberuflich als Unternehmensberater für große Medien- und Verlagshäuser tätig und seit Jahren passionierter Jäger. Seine Erfahrungen mit seiner jagdlichen Ausbildung und dem „Grünen Abitur" hat er in dem Buch „Endlich Jungjäger!" beschrieben. Einer großen Leserschaft ist er außerdem als Autor unterhaltender Sachbücher bekannt, unter anderem dem DMAX Top-Titel „99 Dinge für echte Kerle".